The Great ScrumMaster: #ScrumMasterWay

優れたスクラムマスターに
なるための極意
——メタスキル、学習、
心理、リーダーシップ

A MIKE COHN SIGNATURE BOOK

SCRUM MASTER

THE BOOK

スクラムマスター ザ・ブック

The Great ScrumMaster
#ScrumMasterWay

JN088049

Zuzana Šochová [著]

大友聡之、川口恭伸、細澤あゆみ、松元 健、山田悦朗
梶原成親、秋元利春、稲野和秀、中村知成 [訳]

SE
SHOEISHA

■本書内容に関するお問い合わせについて

このたびは翔泳社の書籍をお買い上げいただき、誠にありがとうございます。弊社では、読者の皆様からのお問い合わせに適切に対応させていただくため、以下のガイドラインへのご協力をお願い致しております。下記項目をお読みいただき、手順に従ってお問い合わせください。

●ご質問される前に

弊社Webサイトの「正誤表」をご参照ください。これまでに判明した正誤や追加情報を掲載しています。

正誤表　https://www.shoeisha.co.jp/book/errata/

●ご質問方法

弊社Webサイトの「刊行物Q&A」をご利用ください。

刊行物Q&A　https://www.shoeisha.co.jp/book/qa/

インターネットをご利用でない場合は、FAXまたは郵便にて、下記"翔泳社 愛読者サービスセンター"までお問い合わせください。電話でのご質問は、お受けしておりません。

●回答について

回答は、ご質問いただいた手段によってご返事申し上げます。ご質問の内容によっては、回答に数日ないしはそれ以上の期間を要する場合があります。

●ご質問に際してのご注意

本書の対象を越えるもの、記述個所を特定されないもの、また読者固有の環境に起因するご質問等にはお答えできませんので、あらかじめご了承ください。

●郵便物送付先およびFAX番号

送付先住所　〒160-0006　東京都新宿区舟町5
FAX番号　　03-5362-3818
宛先　　　　（株）翔泳社 愛読者サービスセンター

Authorized translation from the English language edition, entitled GREAT SCRUMMASTER, THE: #SCRUMMASTERWAY, 1st Edition, by ZUZANA ŠOCHOVÁ, published by Pearson Education, Inc, publishing as Addison-Wesley Professional. Copyright © 2017 Pearson Education, Inc.

JAPANESE language edition published by SHOEISHA CO., LTD, Copyright © 2020.

JAPANESE translation rights arranged with PEARSON EDUCATION, INC. through JAPAN UNI AGENCY, INC., TOKYO JAPAN

For all ScrumMasters, Agile coaches, and leaders

すべてのスクラムマスター、
アジャイルコーチ、リーダーの皆さんへ

Zuzana Šochová（Zuzi）
<ruby>ズザナ・ショコバ<rt></rt></ruby> <ruby>ズジィ<rt></rt></ruby>は、#スクラムマスター道（#ScrumMasterWay）
に関する、この新しい本の著者です。彼女はまた、アジャイルプラハカンファ
レンスの魂ともいえる人物で、私は幸運にも数年前にそこで彼女に出会いまし
た。美しい街で出会った美しい女性です。本書はその名前が示す通り、スクラ
ムマスターとアジャイルコーチに道を示すガイドブックです。

本書は幅広い内容をカバーしています。彼女が苦労して得た実体験を踏まえ
た、実用的な例だけでなく、たくさんの価値あるアプローチを図解で示してく
れるでしょう。そのため、読み終えたあとでも、本書はさまざまなテクニック
への優れたリファレンスになります。

Zuzi は読書家です。彼女のトークは楽しくてためになります。自身が読ん
だ本の中から、コミュニティの人々が興味を持ちそうなことを届けてくれま
す。Zuzi はアジャイルなマインドセットの持ち主で、彼女のメッセージは読
者にも同じマインドセットを持つことを促します。小さな一歩を踏み出し、落
胆しているときでも前進し続けましょう。これは私たちの著書『Fearless
Change』※1 と『More Fearless Change』※2 で勧めていることによく似てい
ます！　私は変化に深い興味を持っているため、Zuzi が選んだアプローチに
とても共感します。多くの組織では、一夜にしてすべてを変えようとしたり、
変わることに締め切りを設けたりしがちです。たとえば、「2016年末までにア
ジャイルになります」とか。その代わりに、小さなステップで進みながら学習
することによって、上手に変化を築いていきます。『Fearless Change』では
「学習サイクル」を紹介しました。小さく一歩進んだら、立ち止まって、ふり
かえりと学習の時間を作ります。小さな成功を礎にして、次の小さな一歩を踏
み出します。ティッピング・ポイント（転換点）に到達したいのはもちろんで
す。ティッピング・ポイントに到達すれば、変化が自然と動き出し、物事がう
まく進み始めます。しかしそれを当てにすることはできません！　一番いいア
プローチは、小さな実験を積み重ねていくことです。

リンダ・ライジング

—— 『Fearless Change』『More Fearless Change』の
著者（メアリー・リン・マンズと共著）

皆さんも Zuzi が描く挿絵をきっと気に入るでしょう。人間は絵から学ぶということがわかっています。実際、脳は言葉をイメージとして捉えます。その意味で Zuzi の想像力豊かな挿絵は、本の魅力をさらに引き出しています。

本書は、強みや改善が必要な部分について、ふりかえりと評価の機会をくれます。これはおそらく本書の最も重要なところです。私たちは、自分自身を理解するのがとても難しいことを知っています。計画的な小休止がなければ、改善の見込みはありません。それは偶然に起こるものではありません。毎日数分だけでも、なにがうまくいったのか、なにを改善すべきなのかをふりかえると、徐々に効果が得られることがわかっています。

クネビンフレームワークに関する彼女の議論は本当に気に入っています。私たちはデイブ・スノーデンの業績について、もっとよく理解しなければなりません。アジャイル開発では、複雑適応系システムを扱っています。私たちは、組織、チーム、自分自身へのわずかな変化でさえ、その影響を事前に知ることはできないのです。テストしてから立ち止まってふりかえり、観察に基づいて次の小さな変化の計画を立てるしかありません。どんな努力をしようと、何年にもわたる活動を計画できるというのは、ただの妄想にすぎません。

小さいながらも読みやすくてためになる本書は、皆さんにもお楽しみいただけるのではないかと思います。もちろん、私は存分に楽しみました。

※1　Mary Lynn Manns, Linda Rising, "Fearless Change: Patterns for Introducing New Ideas", Addison-Wesley Professional, 2014　**日本語訳**　川口 恭伸　監訳、木村 卓央、高江洲 睦、高橋 一貴、中込 大祐、安井 力、山口 鉄平、角 征典　訳『Fearless Change　アジャイルに効く　アイデアを組織に広めるための 48 のパターン』丸善出版、2014 年

※2　Mary Lynn Manns, Linda Rising, "More Fearless Change: Strategies for Making Your Ideas Happen", Addison-Wesley Professional, 2015

■ 日本語版に寄せて

永瀬美穂
@miholovesq

—— 『SCRUM BOOT CAMP THE BOOK』共著者、株式会社アトラクタ アジャイルコーチ、
スクラムギャザリング東京実行委員、ナイスビアの人

Zuzi は背も高くいつもおしゃれでファッションアイコンのように目立ち、どのカンファレンスでも常に人に囲まれていて、話しかけるチャンスが多くない人です。私が彼女と初めて会話らしい会話ができたのは、2017年の夏にシンガポールで開催された Global Scrum Gathering でした。

Regional Scrum Gathering Tokyo の実行委員でもある私は、海外で良いスピーカーを見つけると「いつか日本でも話してほしい！」とアピールしています。半ば社交辞令のように話が流れてしまうこともあるのですが、彼女の場合は違いました。行きたい、と積極的に応じてくれた上で、「#ScrumMaster Way のコンセプトを広めたいから Web ページを日本語訳してくれると嬉しいんだけど」というのです。私がバックログを渡したつもりが、具体的で実行可能なバックログをグイッとよこしてきたパワフルさに圧倒されました。

Web ページの翻訳にあたり、本書の原著を読みました。私が共訳した『アジャイルコーチング』[1]がエクストリームプログラミング実践者によるアジャイルコーチングの指南書だとすれば、本書はまさにスクラムのそれだと理解しました。今回訳者の皆さんの熱心な仕事によって、やっと日本語で読めるようになったことをとても嬉しく思います。とてもコンセプチュアルで、たった1枚の Web ページでさえ翻訳に苦労したことを考えると、日本語で読めることのありがたさを感じずにはいられません。

彼女の来日はいまだ実現していませんが、近い将来、日本の聴衆の皆さんが彼女のスピーチの魅力に夢中になる機会はきっと訪れるはずです。私も本書を携えてサインの列に並ぶ準備をしておこうっと。

[1]　Rachel Davies, Liz Sedley　著／永瀬美穂、角 征典　訳
　　『アジャイルコーチング』オーム社、2017年

ロッシェル・カップ

── 職場における異文化コミュニケーションと人事管理を専門とする
経営コンサルタント、北九州市立大学教授

　書籍を翻訳するのはかなり大きなプロジェクトなので、その際にどんな書籍
を翻訳するかを誰しも慎重に考えるでしょう。注ぐ努力に値する内容の価値が
あるかは問うべき質問だといえます。その面では、本書はとても良い選択だっ
たと私は思います。比較的短い本でありながら、有益でとても濃い内容がまと
められているからです。書き方は単純明快で、わかりやすく、無駄がありませ
ん。キーポイントも良い流れで並べられています。忙しい実務家にとっては、
ちょうど良い量だし、非常に使いやすいと思います。

　かつての組織になかったロールなので、スクラムマスターはなんのためにい
るのか、いったいなにをすべきかがよく誤解されます。しかしこの本を使うこ
とで、スクラムマスターは自分の考えを整理できるし、チームメンバーとマ
ネージャーとのコミュニケーションにも生かせます。中でも、スクラムマス
ターの役割を兼務するときの落とし穴と自己組織化したチームはどうあるべき
かの部分は特に役立つと思われます。

　本書の著者が頻繁にワークショップを開いていることは、読みながら強く感
じ取れます。なぜかというと、これは読み物より、ワークブックであるからで
す。各キーポイントのあと、読者はそれが自分にどう当てはまるか、自分の仕
事にどう応用できるかを考えるよう求められます。こういったエクササイズを
しっかりとやっておけば、この本の価値は随分と上がるでしょう（個人的には
「アジャイルの車輪」を顧客と一緒にぜひやってみたいと思います）。

　本書の中で、著者はチームの落とし穴に関する有力な書籍のエッセンスを上
手に紹介しています。つまり、この中のあるコンセプトに興味を持ったのであ
れば、その後紹介されているその書籍を入手してさらに掘り下げていくことが
できるのです。

　本書は多くのスクラムマスターにとって、自分がなにをしているのか、なぜ
それをしているのかを明確にして、自分の影響力と効果を高めるための助けに
なると思います。

CONTENTS

CHAPTER 1

The ScrumMaster's Role and Responsibilities
スクラムマスターの役割と責務 …………………………… 1

CHAPTER 2

The State Of Mind Model
心理状態モデル

CHAPTER 3

#ScrumMasterWay
#スクラムマスター道 ⋯⋯⋯⋯⋯⋯⋯⋯⋯⋯⋯⋯⋯⋯⋯⋯⋯⋯ 43

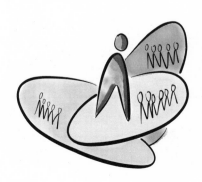

はじめに

　私はZuziです。あなたの新しい友達でありメンターです。リラックスして、これから話すことを聴いてください。信じられないかもしれないけど、10年前、私が開発者としてスクラムチームに初めて参加したとき、スクラムがあまり好きではありませんでした。ぎこちない働き方だと思いました。アジャイルの旅の始まりにいる、私の現在のクライアントたちと同じくらい、抵抗がありました。それは、いままでと違う、新しいなにかでした。当時のアジャイルコーチが説明してくれましたが、釈然としませんでした。6か月後、スクラムマスター役に指名されました。チームリーダーと開発者の経験しかなかった私は「スクラムチームの助手」になり、まもなく「スクラムチームのママ」になっていってしまいました。その後、スクラムがこれほど強力なのはなぜか、そしてそれは自己組織化を高めることにつきる、と理解するまでには長い時間が必要でした。

そしてやっと気がついたのは、私たちは誰も、スクラムマスターの役割についての良い説明を持っていなかった、ということです。やがて私は、本書で紹介する#スクラムマスター道（#ScrumMasterWay）の概念を使って説明するようになりました。これはついに、ほとんどのスクラムマスターが共通して持つ「いずれチームが自己組織化したら、スクラムマスターはなにをするの？」という疑問に答えを与えるものです。

　企業で多くのスクラムマスターをコーチし、多くのCSM研修※1で教えるようになったいまでは「別のチームに移動する」「なにもしない」「常に必要な作業がある」といった回答では十分ではないと言い切れます。私がかつて迷ったのと同じように、多くのスクラムマスターの皆さんも迷うことになります。

　偉大なスクラムマスターになるのが簡単であった試しはありません。皆さんをそこに至る旅へと招待させてください。私の経験や過ちから学ぶことができるでしょう。本書はスクラムマスターの役割を受け入れるための最良の出発点です。本書を楽しく読みながら、役に立つ点を見つけ、あなたの仕事にスムーズに適用し、そして、あなたも偉大なスクラムマスターになっていただければと願っています。

※1　CSM研修＝（米国非営利法人）Scrum Alliance認定スクラムマスター研修。

本書の対象読者

　本書は組織を変えたいと望んでいる、あらゆるスクラムマスター、アジャイルコーチ、リーダーのためのガイドブックです。すべてのスクラムマスターが理解すべき概念全体のリファレンスと、困難な状況の解決に役立つリソースを提示することを目的としています。週末に読みきってしまえるぐらいに薄い、イラスト入りの本としてデザインしましたので、分厚い本の中で迷子になるなんてこともありません。しかしながら、次に進むべき場所への手助けやアイデアを探す際の出発点には十分でしょう。さらに、各概念を適用する実践的な具体例をたくさん載せました。

　注意してください。本書ではスクラムのルールと原則は説明しません※1。アジャイルとスクラムをすでに理解しており、スクラムマスターとしての経験があることを前提としています。

※1　日本語版の独自企画として、本書翻訳チームがスクラムの基本的な事項について解説した付録「10分でスクラム」を収録しています。

本書の読み方

　本書は8つの章に分かれており、一歩一歩、偉大なスクラムマスターの役割に対する認識と理解を深めていきます。

第1章「スクラムマスターの役割と責務」では、スクラムマスターの基本的な責任について説明します。

第2章「心理状態モデル」では、スクラムマスターが日々直面する状況に対処するため、いずれのアプローチを使うかを決める際に役立つモデルを紹介します。

第3章「#スクラムマスター道」では、#スクラムマスター道（#ScrumMasterWay）の概念を紹介します。スクラムマスターの役割の複雑さに対応し、スクラムマスターのグループを構築し、その先にアジャイルな組織を目指します。

第4章「メタスキルとコンピタンス」では、どうやったら偉大なスクラムマスターになれるかを説明します。

第5章「チームを構築する」では、チームビルディングの理論を説明します。アジャイルな環境を構築する実践的な例も示します。

第6章「変化を実装する」では、変化の実装とダイナミクスについて説明します。

第7章「スクラムマスターの道具箱」では、スクラムマスターとして使えるさまざまなツールを見つけることができるでしょう。

第8章「私は信じています」は、まとめです。

日本語版付録「10分でスクラム」は、スクラムにあまり詳しくない方に向けた補足的な説明です。日本語版の独自企画として、本書翻訳チームが執筆しました。

　本書では、スクラムマスターの役割について一般的な説明より幅広い定義を与えています。#スクラムマスター道のコンセプトを用いて、偉大なスクラムマスターの行動を3つのレベルで定義します。スクラムマスターであり続けることは、アドベンチャーゲームをプレイするのと似ています。

　あなたはゲームの途中でいくつかの道具を拾いますが、はじめから道具の使い方を知らなくても大丈夫です。時には創造的にさまざまなやり方を試し、時には大胆な一歩を踏み出す必要があります。時にはやけくそになり、やめたくなることもあるでしょう。

　でもその後、ある状況においてうまくいく、これまでと違う方法があることに気づきます。アドベンチャーゲームの例でいえば、壁に小さなひびを見つけて秘密のドアを開けたり、いつもの道具をまったく違う方法で使ったり、といったことです。

　本書の例があなたの状況にぴったり合わなくても、フレームワークを初めて使ったときにしっくりこなくても、二度、三度と試しましょう。クリエイティブに本書の例をうまく使ってください。うまくいくと信じて使っていれば、いつの間にか偉大なスクラムマスターになっていることでしょう。

参考文献と訳注について

○本文中の［x］は参考文献です。参考文献は本書末（p.198）にまとめています。
○本文中の※xは訳注です。訳注の内容はページ下部に記載しています。

謝辞

　私の家族のサポートに深く感謝します。彼らの支援がなければ、本書を完成させることはできなかったでしょう。Arnošt Štěpánekの誠実なフィードバックと、本の一部を書き直すように私に強く促してくれたことに感謝します。スクラムマスターのHana FarkašとJiří Zámečníkの最終レビューに感謝します。最後に、コーチしたすべてのスクラムチームとスクラムマスターに感謝します。アジャイルの旅の途中で、さまざまなインスピレーションを私にくれました。

著者について

　Zuzana Šochová（ズザナ・ショコバ）は、アジャイルコーチおよび認定スクラムトレーナー（CST）です。IT業界において15年以上の経験を持っています。彼女はチェコ共和国で最初のアジャイル国際プロジェクトの1つを指揮しました。そこでは、ヨーロッパと米国のタイムゾーンにまたがる分散スクラムチームに注力しました。現在、彼女は新興企業と大企業の双方における、アジャイルとスクラム実践の第一人者です。電話会社、金融、ヘルスケア、自動車、モバイル、ハイテクソフトウェアなどの企業において、アジャイルを採用した経験があります。ヨーロッパ、インド、東南アジア、米国全体でアジャイルやスクラムを用いて、企業を支援しています。

　彼女はさまざまな役職で働いたことがあります。生命に関わるミッションクリティカルシステムのソフトウェア開発者としてキャリアを始め、その後はスクラムマスターやエンジニアリング・ディレクターを経験しました。2010年から独立し、アジャイルコーチおよびトレーナーとして働いています。アジャイルとスクラムを用いた、組織やチームのコーチング、ファシリテーション、文化を変えることを専門としています。

　Zuzi は国際的なスピーカーでもあります。アジャイルプラハカンファレンスを毎年開催している、チェコ・アジャイルコミュニティの創設者です。そして、Scrum Alliance の認定スクラムトレーナーです。シェフィールド・ハラム大学（イギリス）でMBAを、チェコ工科大学でコンピューターサイエンスとコンピューターグラフィックスの修士号を取得しました。彼女は、チェコ語で書かれた『アジャイルメソッドプロジェクト管理』（Computer Press、2014年）という本を共著しています。

twitter：@zuzuzka
web　：sochova.com
blog　：agile-scrum.com

Book page：greatscrummaster.com

1

スクラムマスターの役割と責務

...

The ScrumMaster's Role and Responsibilities

　スクラムマスターはアジャイルやスクラムの中で、最も過小評価されている役割の1つです。スクラムを始めたてのチームのほとんどは、専任のスクラムマスターを置くことの価値を理解しておらず、開発者やテスターとの兼務で済ませて、

「うちのスクラムマスターはうまくいってますよ」

と言おうとします。これはスクラムマスターの役割についての一番よくある誤解で、スクラムの初心者グループは、ほとんどが同じ罠にハマります。そしてこう言います。

「私たちは、チームのメンバーがソフトウェア製品を開発しなければいけないことを理解していますし、彼らは一生懸命働いています。チームは職能横断（クロスファンクショナル）について学んで、お互いに助け合わないといけません。協力が必要です。また、私たちはプロダクトオーナーの役割についても、良いと感じています。誰かがビジョンと要求を定義して、顧客と交渉しないといけないですから。でも、スクラムマスター？　いったいなにをする人なんですか？」

　スクラムマスターはそんな環境にいると、だんだんとチームの秘書のようになってしまいがちです。かなりつまらない役職です。秘書になったスクラムマスターは、チームが仕事に集中できるように、スクラムボードにあるカードの世話をしたり、どんな障害物もすぐに取り除いたり、チームにコーヒーを出したりします。よくある話ですか？　でも、本来のスクラムマスターは全然違うものなんです。ぜひ続きを読み進めてください。

　スクラムマスターの役割について、よくある誤解がもう1つあります。大企業でよくあるのですが、会社でスクラムを実装[1]しなければならず、誰かがス

※1　「スクラムを実装する」―― 聞き慣れない言葉かもしれませんが、implement Scrumの訳です。スクラムをまだやっていなかった人たちが、ちゃんと実施している状態になる、という意味です。

クラムマスターの役割をやらされるような環境で発生します。みんなこう言います。

「スクラムをやるなら、スクラムマスターが必要ですよね？　でも、イケてる開発者やQA担当にやってもらうわけにはいきません。プログラミングやテストをしないといけないんですから」

　そんな環境で選ばれるスクラムマスターは、だいたい控えめで、物静かな人です。どうしてそんな人がスクラムマスターに選ばれたのでしょう？　それは、その人が良い開発者ではなかったからです。

　しかし、覚えておいてください。良いスクラムマスターを雇うのが余計な費用だなんて、とんでもない。役立たずだなんてありえません。チームのパフォーマンスを飛躍的に向上させる手段だと思ってもらう必要があります。スクラムマスターの目的は、単に良いチームではなく、ハイパフォーマンスのチームを作ることです。スクラムマスター1人分のコストなんて安いものです。

覚 え て お こ う   Remember

- スクラムマスターはチームの秘書ではありません。
- スクラムマスターを雇うことは余計な出費ではありません。ハイパフォーマンスなチームを作り上げるからです。
- スクラムマスターは、アジャイルとスクラムのマインドセットを持ったエキスパートです。アジャイルとスクラムこそが、成功するための正しい選択であると心から信じています。

自己組織化したチーム

...

The Self-Organized Team

　スクラムにおいて鍵となるフレーズの1つは、**自己組織化したチーム**です。このことについて誰もが話題にしますが、実際に理解するのは難しく、なかなか作れるものではありません。

　自己組織化したチームとは、日々のタスクをどのように処理するかを決めることができる存在です。しかしスクラムでは、チームが決定できる範囲は、「スプリントゴールとスプリントバックログを、完成の定義として合意された品質でデリバリーするために、チーム自身でどう進めるべきか？」に限定され

ます。言い換えると、誰がどのタスクに取り組むか、チームメンバーがどう助け合うか、新しいことを学ぶ必要があるのはいつか、1日の作業の優先順位をどうつけるかを、外部の権威にとらわれず、チームが決められるようにしておくべきなのです。

　自己組織化すると、地球上のあらゆることを決定できる無限のパワーがもらえると信じているチームもあります。ですが、スクラムにおける自己組織化したチームとはそういう意味ではありません。自己組織化したチームはいずれも、与えられた境界内でのみ自己組織化します。スクラムにおける境界は、プロセスで決められている通り、スプリントゴール、バックログ、動作するプロダクトを期間内にデリバリーすることに限られます。

　あるメンバーにとって気に入らないことがあるときは、チーム全員で話し合ってお互いを理解し、協力や助け合いの方法を変えていかなければなりません。最も重要な特徴は、一人一人のマインドセットです。良いチームは「私」ではなく「私たち」の姿勢を持っています。
「私はそれについてなにも知りません。私の問題ではありません」
ではなく、
「問題を解決するために、チームを手助けできることはありますか？　皆さんのお役に立てることはなんでしょう？」
というように。

　自己組織化したチームは1つの生命体です。そして、一人一人のメンバーは、この生命体がいかに強く・弱くなるのかに影響を与えます。チームメンバーは、自分自身ではなく、自己組織化したチーム全体のあり方に責任を持ち、説明責任を果たし始めたら、偉大なチームの一員へと一歩近づいたと言えます。

スクラムマスターは、個人の行動を支援する以上に、チームを支援するために
います。"チーム"は1つの存在であり、それが"個人の集まり（単に集
まっただけ）"よりも重要だとみんなに気づいてもらうことで、個人の集まり
から偉大なチームを作り出さなければなりません。チームメンバーたちが自分
の仕事の中だけにこもらず、お互いに助け合っていくよう、常に促していかな
ければいけません。

個人の集まり

ジョンはイライラしています。この問題は以前から、何度も繰り返し起きて
きました。そしてついに彼はチームのほうに歩いていって、こう切り出しまし
た。
「またシステムからデータが全然取得できないんだ！　誰か、これを直す方法
を知らない？」

▶チームの反応を見ると
フレッド：「えっと、良くないね」
ジーン　：（心の中で）「私、今日そのタスクを選ばなくて良かったな」
ロン　　：「昨日試したときは大丈夫だったんだけど」
ジェーン：「そのせいで昨日の夜、PCを再起動したわ」

≫まとめ
いろいろとまずい状況で、ジョンは自分1人で問題を解決しようとして
います。これは彼の仕事であり、他の人たちは自分の仕事で手一杯です。
ワーワーと助言はしてくれるかもしれませんが、高い視点から問題を見
て、解決するために責任を取る人は誰もいません。

本当のチーム

　ジョンはイライラしています。この問題は以前から、何度も繰り返し起きてきました。そしてついに彼はチームのほうに歩いていって、切り出しました。「またシステムからデータが全然取得できないんだ！　誰か、これを直す方法を知らない？」

▶チームの反応を見ると

ジーン　　：「誰かなにかいじってないか、Gitでちょっと見てみるね」

ジェーン：「同じ問題が起きるか、私のPCからも確認してみる。そのあと、一緒に調べましょう」

ロン　　　：「それ、最近よく起こるようになったよね……。自動テストでもっと早く特定できないか考えてみる」

フレッド：「そうだね。テストを手伝うよ」

≫まとめ

　チームメンバーは、問題の解決に向けて議論に参加します。アドバイスをするだけでなく、解決を手助けするために時間を割く準備ができています。チームの視点から問題を捉え、チームを助けられそうなアイデアを考え出します。

Exercise

｜エクササイズ：自己組織化したチーム｜

チームメンバーの視点から（最も好ましい選択肢を選んで）以下の文章を完成させ、あなたのチームを評価してください。

▶チームメンバーにとって最も重要なことは、

a. 他の人が待っているタスクを、約束した期限に間に合わせること。

b. 時間が取れると感じたときだけ、手伝いを申し出ること。

c. やるべきことはなんでもして、チームを助けること。

▶チームメンバー一人一人の効率は、

a. 極めて重要。一人一人ができるだけ効率的でなければならない。

b. 重要。しかし、誰も知らないことに出会ったら、助け合って一緒に学ぶ必要がある。

c. 重要ではない。チーム全体がもたらす価値だけが重要である。

▶チームの外にある障害物に遭遇したときは、

a. マネージャーやチームリーダーを呼んで、なにをすれば良いか教えてもらうか、解決してもらう。

b. スクラムマスターを呼んで、解決してもらう。

c. どうやったらそれを乗り越え、うまく利用できるかをチームで話し合う。

▶すごく難しそうなタスクがあるときは、

a. 誰かがそれを拾ってくれるのを静かに待つ。

b. 最も経験のあるチームメンバーにやってもらう。その人がやるべきなのは明らかだから。

c. 誰かが不安を表して、チームとしてそのタスクにどう手をつけるか、議論を始める。

▶あるチームメンバーが細かな問題に文句を言っているときは、

a. 明らかに細かなことなので、気にしない。

b. なにをするかチームで投票して決める。

c. 興味を持って、なぜそんなに小さなことにイライラしているのか聞いてみる。

▶同僚が強く主張しているやり方に同意できないときは、

a. 自分は自分のやり方でやるから、同僚は同僚のやり方でやればいい。

b. シニアアーキテクトに自分のやり方を支持するよう求める。

c. 同僚の解決策を理解しようと試みる。全員で同意する以前に、チームで双方のアプローチの長所と短所について話し合う。

回答ごとのポイントを合計します。

- aは0ポイント
- bは1ポイント
- cは2ポイント

合計7ポイント以上なら、あなたのチームは本当に自己組織化していると言えます。

スクラムマスターの目標

・・・

The ScrumMaster's Goal

スクラムマスターには多くの責務があります。従来ある他の役割と結びつけて理解することができないため、スクラムマスターが実際、どのように一日を過ごすものなのか、わかりにくいものです。偉大なスクラムマスターはソフトスキルを実践し、聞き上手にならなければなりません。また、アジャイルとスクラムのエキスパートでなければなりません。できれば、スクラムチームでの経験か、スクラムを採用している環境での経験が必要です。そうしたスキルや経験がないと、アジャイルなマインドセットや自己組織化を、組織のあらゆる階層に原則として普及させるのは難しいでしょう。

それでは、スクラムマスターの目標とはなんでしょうか？ スクラムマスターは自己組織化したチームを構築し、企業のあらゆる階層で基本原則として自己組織化が行われるよう努力します。自己組織化は当事者意識と責任感をも

たらします。その結果、人々はより活動的になり、説明責任を果たすようになります。さらに、チームメンバーは自分たちなりの解決法を考え出す機会を持つようになり、グループ全体をもっと効率的にします。自己組織化はパフォーマンスの高いチームを作る上で鍵となる側面であり、（短期でなく）長期的に重要です。そして必要に応じて、プロセス、コミュニケーション、コラボレーションを改善／適応する機会を与えてくれます。意欲的な個人を生み出し、組織に参加する個人の集まりから、目標と一体感を持ったチームを築きあげるのを手助けします。

しかし、もしスクラムマスターが、自己組織化以外の責務を目標として、それに注力してしまうと、いずれは秘書、相談係、マネージャー、あるいは単なる役立たずになり、
「やることもないし、そんな役割は無視してもいいよね」
と言われてしまいます。

覚 え て お こ う   Remember

- スクラムマスターの目標は、自己組織化を促進することです。
- スクラムマスターは、コーチでありファシリテーターです。
- スクラムマスターは、デリバリーに対して責任を負いません。
- スクラムマスターは、チームの秘書ではなく、チームが自分で障害物を取り除くのを助けます。
- スクラムマスターは、チームが責任を持つよう促します。

アジャイル

スクラムマスターの責務
...
The ScrumMaster's Responsibilities

スクラムマスターの責務には次のものが含まれます。

- チームが責任を持つように促し、共通のアイデンティティと目標に沿って行動することを支援する
- 透明性とコラボレーションを推進する
- チームの自発的な行動を促すことを通じて、障害物を取り除く
- アジャイルとスクラムの考え方を理解し、自分自身も学び続ける
- アジャイルとスクラムの価値を維持し、他の人がスクラムを理解し実践するのを助ける
- 守るべきときは、開発チームを守る

- スクラムのミーティングをファシリテートする
- チームがより効率的になるよう、手助けする

役割を兼務するときの
落とし穴
・・・
Pitfalls of Combining Roles

　スクラムマスターが複数の役割を兼務する場合は、各役割を上手に使い分ける必要があります。同時にかぶれる帽子は1つだけです。発言や行動をする際には、どの役割かを選択する必要があります。さもないと透明性を保てず、いずれの役割もうまくいかなくなるでしょう。ここからいくつかの例を挙げながら、よくある役割の兼務の長所と短所について、詳しく説明します。

スクラムマスターが
チームメンバーと兼務の場合

▶デメリット
　スクラムマスターはチームメンバーとしての役割にとらわれすぎるため、システム全体を俯瞰する視点とシステム思考の能力を欠いてしまいます。リーダーシップやチェンジマネジメント※2のスキルを欠くこともあります。彼は

※2　組織に新しい手法や文化を取り入れ、失敗や抵抗のリスクを管理しながら、人々が受け入れることを促し、その手法や文化への移行を成功に導くための管理手法です。

チームメンバーの一員でもあるため、チームの能力を向上させることに気が回りません。チームがスプリントを時間内に終わらせられないときはなおさらです。しばしば、チームを次のレベルに引き上げる能力が不足します。

▶メリット

スクラムマスターはチームの一員です。彼とチームメンバーの間には相互に信頼があります。スクラムマスターは通常スクラムの基本とチームの弱点をよく理解しており、レトロスペクティブで指摘を入れることができます。たとえば、ユーザーストーリーの完了後にテストがコミットされた際など[3]です。

▶結果

スクラムマスターの役割は通常、重要性が低いものとして扱われ、完全に消滅することも珍しくありません。チームの助手に降格し、もはやなにもすることがありません。仕事がないなら、チームの作業を一緒に手伝いますよね？

スクラムマスターが
プロダクトオーナーと兼務の場合

▶デメリット

スクラムマスターとプロダクトオーナーの役割は相反する目標を持っており、大きな利害の対立があります。スクラムマスターは決してデリバリーの責任を負うべきではありません。それはプロダクトオーナーの目標です。ビジネ

---

[3] ユーザーストーリー（プロダクトバックログアイテム）の完了は、追加の作業がないということを意味します。しかし、このケースではチームがこっそり作業を追加していて、技術的負債（積み残した作業）があること、透明性や正直さの面で問題があることが示唆されています。

スの要求とチームの考えは対立します。つまるところ、長期と短期でどのように改善と成果をバランスさせるのか、という話です。

▶メリット

スクラムマスターを兼務するプロダクトオーナーは、チームメンバーの一員として扱ってもらいやすくなります。

▶結果

ほとんどの場合、スクラムマスターの役割は軽く扱われ、プロダクトオーナーがすべてをコントロールします。そのようなチームは一般的に、スクラムへの深い理解を欠き、自己組織化しません。

スクラムマスターが
マネージャーと兼務の場合

▶デメリット

そのようなスクラムマスターはしばしば命令的で、コーチングせずにメンタリングに頼ります。チームとの関係性は信頼を欠いたものになりがちです。

▶メリット

優秀なマネージャーはリーダーであり、チェンジマネジメントの経験があるため、移行期間中の対応がより素早くなります。

▶結果

スクラムマスターの役割は軽く扱われがちですが、ある一定の文化（命令ありきではなく、プロセス重視でもない）においては、アジャイルへの移行を開

始する絶好の機会になることもあります。しかし、ほとんどのマネージャー
は、スクラムマスターになるより組織を率いることを夢見ているので、スクラ
ムマスターをやるとしても一時的なものになります。スクラムマスターがマ
ネージャーであるチームは、良い点もありますが、チームではなくマネー
ジャーが決定、問題解決、調整を行うため、自己組織化、自己肯定感、当事者
意識が弱くなりがちです。

スクラムマスターが 複数のチームを兼務する場合

▶デメリット

　複数のチームを兼務するスクラムマスターには時間が足りません。しばしば
まったく別の問題が同時に発生するためです。早めに議論をファシリテート
し、対立が大きくなるのを防げないと、かなり難しい仕事になります。

▶メリット

　このスクラムマスターは素早く学び、困難な問題を解決する経験を豊富に持
ちます。一般的なお勧めは、スクラムマスターが同時に兼務するのは2チーム
まで、最大でも3つまでです。3つでも手に余る場合が多く、それはスクラム
マスターに必要な情報が不足し、衝突を防いだり、チームを次のレベルに高め
たりすることができなくなるからです。

▶結果

　そのようなスクラムマスターは経験が豊富で、システム思考に秀でることが
多いです。なぜなら、チームは一つ一つ異なることを理解しているからです。
さまざまな環境での経験に基づき、多様な文化に合わせて、スクラムをうまく

実装できます。また、1つの開発チームに固執しすぎず、組織全体にスクラムを適用できます。

覚 え て お こ う   Remember

- スクラムマスター1人につき2〜3チームまでとすることをお勧めします。
- プロダクトオーナーは、決してスクラムマスターの役割を果たすべきではありません。2つの役割には相反する目標があります。
- スクラムマスターとマネージャーの兼務はしばしば、信頼を欠き、チーム自身が責任を負う代わりにマネージャーの決定に頼りがちなチームを作ります。

- スクラムマスターはチームメンバーになるべきではありません。全体像を見失い、多くの場合、スクラムマスターとしての責務よりもチームメンバーとしての責務を優先してしまいます。
- スクラムマスターは一度に1つの役割に集中し、兼務は避けるべきです。これは偉大なスクラムマスターになるための唯一の道です。

サーバントリーダーとしての
スクラムマスター

　ほとんどのスクラムマスターは、

「スクラムマスターという役割は、スプリント中になにをするものなのだろうか？」

ということに悩みます。

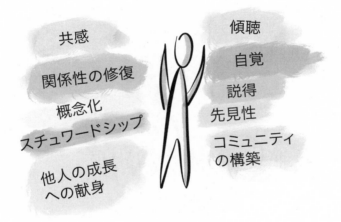

　これらについては以後の章で述べていきますが、1つだけここで伝えたいことがあります。スクラムマスターはリーダーシップの役割だということです。スクラムマスターの目的の1つは、1つのスクラムチームだけでなく組織全体に目を配り、みんながよりうまく働けるようにすることです。スクラムマスターはリーダーでなければならないと聞いて驚きましたか？　そうなんです。スクラムマスターはスクラムを理解しているだけではありません。それ以上の

役割なのです。スクラムマスターは、短期の数字よりも、長期の目標と戦略を
重視します。リーダーというものは、時間きっちり働けばいいわけではありま
せん。ビジョンを持ち、自主的であり、創造的なものです。スクラムマスター
はサーバントリーダーと呼ばれることもありますが、この呼び名は中国の古典
哲学から来ています。それは、「チームのことを第一に考え、自分のことはそ
の次に」[1] ということ、そして以下の点で自分自身を改善することを意味し
ます。

- **傾聴**※4
- **共感**
- **関係性の修復**
- **リーダーとしての意識と自覚**
- **職権に頼るのではなく説得を用いる**
- **概念化** ── 全体像を念頭に置き、日々の現実や短期的な目標を超えて考える能力
- **先見性** ── 現在の状況と将来の決定に過去の教訓を生かすことができる直感力
- **スチュワードシップ** ── 心を開き、他者に奉仕する
- **他人の成長への献身**
- **存続可能な生命体としてのコミュニティの構築** [2]

※4　**傾聴**（**listening**）とは、注意深く関心を持って相手の話に耳を傾け、熱心に聴くことです。
相手の言葉を遮らず、あいづちや質問を駆使して、徹底的に話を聴く姿勢をとります。コー
チングでは必須のスキルとされています。

覚 え て お こ う   Remember

- スクラムマスターはリーダーシップを取る職務です。成功するには創造性、ビジョン、直感が必要です。
- 優れたスクラムマスターには共感力があり、聞き上手で、いつでも関係性を修復する準備ができています。
- 偉大なスクラムマスターは、チームだけに集中するのではなく、組織をまたいだコミュニティを構築できます。

Exercise

｜エクササイズ：あなたは サーバントリーダーですか？｜

サーバントリーダーの特性に関して、スクラムマスターとしてのあなたを1〜10の範囲で評価しましょう。1は「まったく持っていない」を意味し、10は「それが私の最大の強みです」を意味します。

- **傾聴** .... 1〜10の評価を書いてみよう！
- **共感** ....
- **関係性の修復** ....
- **意識と自覚** ....
- **説得** ....

役割を兼務するときの落とし穴

- 概念化　　　　　　.................
- 先見性　　　　　　.................
- スチュワードシップ　.................
- 他人の成長への献身　.................
- コミュニティの構築　.................

どこを最も改善したいですか、その理由はなんですか？

一 歩 だ け 先 を 行 く

　いかなる変化も困難であり、個人はそれぞれ変化に対して異なる反応をします。個人の抵抗を観察できるのと同じように、チームや組織レベルの抵抗も観察できます。スクラムマスターの役割の1つは、アジャイルへの移行、新しいコラボレーションのやり方、新しいプラクティスなど、変化していく過程のガイド役であることです。上手なガイド役になるために、スクラムマスターはチームや組織の一歩だけ先を行き、チームを習慣、規範、癖から引きはがします。あまり先に行きすぎると、チームはスクラムマスターの言うことをほとんど理解できなくなります。一方、スクラムマスターがチームと同じ場所にいてしまうと、現状に満足してしまうことへの問題提起が足りず、チームが改善しなくなります。

　変化のかなり初期の段階で、スクラムマスターは相当大きな抵抗に打ち勝たなければなりません。みんなすぐ、
「私たちは現状に満足しています」
と言うからです。人々は変化を望みませんし、変化が必要なこともわかりませ

ん。ですから、この段階で当事者意識を持って活動をするよう頼んでも、失敗
に終わるでしょう。

　しばらくすると、人々は、
「すごく良さそうなんだけど、私たちには合ってないよね」
と言い始めます。新しいことを試みたものの、変化は容易ではなく、実際に変
化する前に、元の状態に戻りたくなるのです。

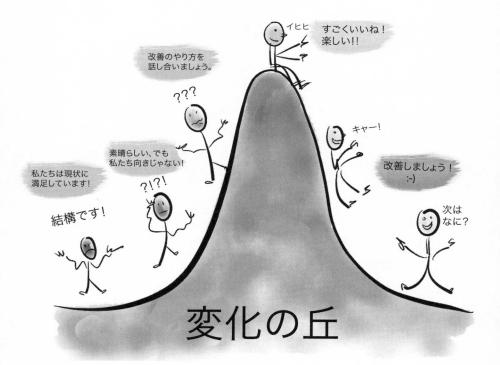

　さらにしばらくして、一丸となって大きな問題を乗り越えると、人々は、
「もう元に戻りたくないので、改善について話しましょう」
と言い始めます。ここまでくれば、良い状態と言えます。

　ついにやり遂げたとき、人々はたたえ合います。
「以前より、はるかにうまくできていますよ」
　これが最大の罠です。誰もが自分たちが成し遂げたことに満足するあまり、
改善をしなくなり、止まってしまうのです。スクラムマスターの役割は、この
瞬間を楽しんでもらうだけでなく、さらなる実験、プロセスへの適応、改善に
向けて人々を後押しすることです。

 覚 え て お こ う　　　　　　　　　　　　　　Remember

- スクラムマスターは、アジャイルへの移行におけるガイド役です。
- スクラムマスターは、チームや組織の一歩だけ先を行き、チームを
  習慣や癖から引きはがします。

Special tips

偉大なスクラムマスターを目指すためのヒント
Hints for Great ScrumMasters

- チームの自己組織化に焦点を当てましょう。それがあなたの最終目標です。

- 異なる役割を兼務しないようにしましょう。専任のスクラムマスターでいることが大切です。

- 人を信じましょう。彼ら自身の力でやり遂げられるよう、相手を信頼します。

- アジャイルへの移行中は上手なガイド役になりましょう。一歩だけ先を行くようにします。

- アジャイルとスクラムを信じましょう。偉大なスクラムマスターは、アジャイルの熱心な支持者です。

- 偉大なスクラムマスターはサーバントリーダーです。コミュニティを構築し、関係性を修復し、他者の声に耳を傾けましょう。

CHAPTER

2

心理状態モデル

· · ·

The State Of Mind Model

　スクラムマスターは、チームの状態や、会社がどの程度アジャイルに適応しているかに合わせて、採用するアプローチを調整すべきです。採用するアプローチを決めるのに役立つモデルがあります。スクラムマスターの心理状態モデル［3］と呼ばれるもので、4つの核となるアプローチが含まれています。

- ティーチングとメンタリング
- 障害物の除去
- ファシリテーション
- コーチング

ここからは、それぞれのアプローチについて詳細に説明します。

　チームの成熟度やチームが実際に必要としていることはそれぞれ違うため、スクラムマスターはいくつかのアプローチを他のアプローチよりも頻繁に適用することになります。いずれもチームの成長の各段階で役立つものですが、スクラムマスターは、チームが現在の目的を達成するのに役立ち、自己組織化を促進するという最終目標に沿ったアプローチに集中するべきです。

　ここでは、心理状態モデルの概要を説明したあと、実際に使用してきたことで得られた具体例を通して、スクラムマスターの心理状態モデルがどのように役立つかを示します。

ティーチングと
メンタリング
...
Teaching and Mentoring

　ティーチングとメンタリングのアプローチとは、スクラムやアジャイルの基本的な進め方を伝えるものです。自らの経験に基づき、効果的なプラクティスや手法を提案します。アジャイルへの移行の序盤では、スクラムマスターはアジャイルとスクラムのアプローチについて、何度も繰り返し説明しなければなりません。一度説明しただけでは、それぞれのプラクティスがなぜ組み込まれ、どうすればうまくいくのか、チームが理解しきれないからです。チームが成熟してくれば、一緒に実践したり、新しいプラクティスを提案したりすることの重要性が増してきます。しかしそれでも、ティーチングはずっとスクラムマスターの重要な仕事の一部なのです。

ティーチング
メンタリング
経験の共有

障害物の除去

・・・

Removing Impediments

　偉大なスクラムマスターは、毎日の仕事を、次の質問から始めます。
「チームがもっと仕事をしやすくするために、私はなにができるだろうか？」
　チームを手助けする1つの方法は、障害物を取り除き、効率よく仕事ができるようにすることです。

　しかし、スクラムマスターのやり方はどんな管理職ともまったく異なります。障害物を取り除くために、責任、活動、オーナーシップをチームに委譲してしまうのです。そうすることで、チームは自分たち自身で問題を解決できるようになります。そうした機会を与えないと、いずれスクラムマスターが「過干渉な母親」のようになります。30代にもなって自信を持てず、母親に依存する「子ども」を、溺愛して面倒を見ているような状態です。

障害物の除去

　では、スクラムマスターは障害物を取り除くべきなのでしょうか？　はい、ただしチームが解決策を見つけるのを手助けするようにします。スクラムマスターは、自己組織化とはどういったもので、なぜスクラムにとって重要なのかを説明することから始め、コーチングやファシリテーションにつなげていくことができます。

ファシリテーション

● ● ●
Facilitation

　ファシリテーションとは、チームが円滑に会議を進め、コミュニケーションが効率的に行われるようにするという意味です。そのために、あらゆる会議や会話には、ゴール、成果物、期待する結果が明確に定義されているべきです。ファシリテーションを行う際は、議論の内容や解決策について絶対に干渉しないのがルールです。議論の流れを整えるだけにします。

覚 え て お こ う　　　　　　　　Remember

- ファシリテーションは、コミュニケーションをより効率的にします。
- ゴール、成果物、期待する結果を定義しましょう。

コーチング
. . .
Coaching

　コーチング[1]はおそらく、偉大なスクラムマスターが持つべき最も重要なスキルの1つでしょう。習得には多くの実践と経験を必要としますが、一度習得してしまえば、信じられないほど強力です。スクラムにおけるコーチングは、個人の成長だけでなく、チームの自己組織化、責任、オーナーシップ[2]にも焦点を当てます。

---

[1]　**コーチング（coaching）** とは、一方的に正解や解き方を教えるのではなく、傾聴などのコミュニケーション技術を駆使しながら、学習者に気づきを与え、自発的な学習や成長、変化を促す指導法のことです。

[2]　オーナーシップとは、責任感や当事者意識を持つこと。Ownership は所有権を示す単語ですが、「自分のものであるように責任を持つ」という意味でよく使われます。

覚 え て お こ う Remember

- コーチングは、説明することや、経験を共有すること、アドバイス
  を与えることより、はるかに強力です。
- 目標は、短期的に速くなることではなく、長期的に改善することです。

例　アジャイルを始める
・・・
Example: Starting Agile

　チームはアジャイルへの移行の初期段階にいます。スクラムの研修を受け、合格しました。しかしまだ、スクラムの本質を理解できていません。スクラムは自分たちに合うやり方ではない、と文句を言っています。

　ここでの正しいアプローチは、もう一度全体を（そして何度も）説明することです。なぜスクラムを行うのか、変化に期待することはなにか、どのようにスクラムの各ミーティングや作成物が機能するのか。うまくやるためには、チームメンバーがスクラムの背景にあるダイナミクス（動力学）や原則を理解する必要があります。ファシリテーションだけでは、うまくいくようになるまで時間がかかります。コーチングだけではチームは途方に暮れてしまいます。たとえばスタンドアップミーティングをどう改善していいのか見当もつかない、というようなことが起こります。

例　障害物

・・・

Example: Impediments

チームは責任を受け入れていますが、たくさんの問題に直面しています。

　一番簡単な方法は、チームから障害物を引き取って、取り除いてしまうことです。でも、ちょっと待ってください。そのアプローチは、自己組織化したチームを構築する目標につながるのでしょうか？　いいえ、つながりません。ですからスクラムマスターは、チームのために、よりゆっくりで、より痛みを伴うアプローチをとらなければいけないのです。そしてコーチングを行い、障害物のほとんどは自分たちで対処できるということに気づいてもらう必要があります。もしそれを怠れば、スクラムマスターはあっという間にチームの秘書になってしまい、チームは常に誰かが問題を解決してくれるのを待つような、自信のないグループになってしまいます。コーチング以外にも、会議や議論で適切なファシリテーションをすることも手助けになります。

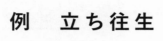

例 立ち往生

・・・

Example: Stuck

チームは、長い間スクラムをやっています。良い"スクラムチーム"ではないかもしれませんが、いまのやり方で問題ないと思っています。

ここでの最適なアプローチはコーチングでしょう。コーチングの技術はチームへ改善の機会を明らかにすると同時に、まずメンバー自身が問題に気づくよう仕向けます。もしスクラムマスターがティーチングや説明から入ってしまうと、チームは受け入れず、自己組織化されたチームとして、自分たちの働き方は自分たちで決めると答えるでしょう。スクラムマスターは、チームになにをすべきかを指示するためにいるのではありません。場合によっては、そのようなスクラムマスターは受け入れを拒否され、チームを去るしかなくなります。

例　責任

· · ·

Example: Responsibility

　チームはとても優秀で、ほとんど自己組織化できています。スクラムマスターは、これまでの成功には自身のファシリテーションスキルが欠かせない役割を果たしてきたと考えています。チームの連携を改善したのも、効率を良くしたのも、ファシリテーションによるものです。

　しかし、いまは次に進み、アプローチを変える適切なタイミングです。スクラムマスターであれば、一歩引いてチームにミーティングの進行を任せるべきです。会議の真ん中にいるのはやめましょう。会議を始めるのもやめましょ

う。次は誰の番だと示すのもやめましょう。ただそこにいて、もっと軽いタッチのファシリテーションの準備をしておきます。チームに空間を与え、信頼します。彼らはきっとうまくやります。もし議論が間違った方向にいってしまったら、コーチングします。そうすればチームは問題を特定し、問題にあわせて調整します。しかし気をつけて。ここでスクラムマスターがいなくなってはいけません。そこにとどまり、注意深く耳を傾け、なにが起こっているのかを把握し、必要なら手助けできるよう準備を整えておきます。

Exercise

｜ エクササイズ：現在の心理状態 ｜

　スクラムマスターの心理状態モデルにあるすべてのアプローチを検討し、そのアプローチをとることが、役立つかもしれない状況と、ふさわしくない状況について考えてみましょう。

ティーチング、メンタリング：

....　書いてみよう！

....

....

....

障害物の除去：

....

....

....

ファシリテーション：

....

....

....

コーチング：

....

....

....

　スクラムマスターとして、どのアプローチが一番適していると感じますか？
それはどうしてでしょう？

- [ ] ティーチング、メンタリング、経験を共有すること、アドバイスを与えること
- [ ] 障害物の除去
- [ ] ファシリテーション
- [ ] コーチング

このパズルに欠けている ピース
...
The Missing Piece of the Puzzle

　偉大なスクラムマスターになるための旅路において、スクラムマスターの心理状態モデルにあるアプローチはいずれも重要です。しかし、とても大事なピースがまだ1つ欠けています。それは**観察**です。もしあなたが沈黙し、代わりにチームに動いてもらえば、もう少しの間、チームを観察できます。たとえば、チームに教えたり、どうすべきか説明したり、チームの議論を促したり、チーム自身で決めるよう問いかけたり、チームの障害物を取り除いて問題解決を試みたり、といったことをチームに代わってもらい、少し観察するのです。全部なる早で問題解決してチームを作業に戻したい衝動に抵抗できれば、「自己組織化したチームを作る」という目標に大きく近づきます。

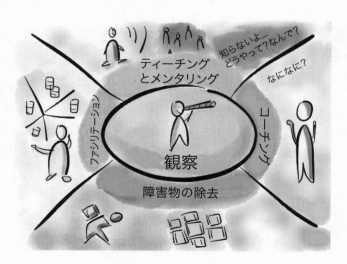

　したがって、スクラムマスターの心理状態モデルはとても重要です。観察する役割まで一歩下がり、どのアプローチをなぜとるかをチームが判断することを強く促すからです。傾聴することは、コミュニケーションや意思決定をする上で最も重要な要素の1つだ、という格言は正しいのです。

　ティーチング、ファシリテーション、コーチング、障害物の除去などの作業をしているときに、傾聴がどのように結果を改善したかを想像してみると、このモデルを実践していたら違う判断をしていたかもしれない、という状況がいくつも出てくるはずです。

覚 え て お こ う　　　　　　　　Remember

- 観察すること、傾聴すること、干渉しないことは、偉大なスクラムマスターの仕事の中で一番大事な側面です。
- コーチング、ファシリテーション、ティーチング、障害物の除去といったどんなアクションも、いずれのアプローチが最良の選択なのかはっきりするまで待つことができます。

Exercise

｜エクササイズ：未来の心理状態 ｜

今後もっと頻繁に使いたくなったアプローチはありますか？　それはどうしてでしょう？

- ☐ ティーチング、メンタリング、経験を共有すること、アドバイスを与えること
- ☐ 障害物の除去
- ☐ ファシリテーション
- ☐ コーチング
- ☐ 観察

その理由は？

.... 書いてみよう！
....
....

#スクラムマスター道

...

#ScrumMasterWay

　スクラムが定義している役割はスクラムマスター、プロダクトオーナー、開発チームの3つだけです。このうちプロダクトオーナーと開発チームについては、既存の役割との関連付けがしやすいため、その有用性を容易に理解してもらえることが多いです。しかし、スクラムマスターという役割は混乱を呼びます。

　スクラムマスターの役割を理解しやすくするために、偉大なスクラムマスターを3つのレベルで表す新しい概念を作りました。それが**#スクラムマスター道**（**#ScrumMasterWay**）です。スクラムマスターがどんなときでも組織の適切なレベルに集中できるようにしたり、開発チームの視点から製品・組織全体へ視点を引き上げたりするのに役立ちます。

　後ほど各レベルを順に説明していきますが、その前に簡単なエクササイズをやってみましょう。

Exercise

｜ エクササイズ：＃スクラムマスター道 ｜

以下の文章をスクラムマスターの観点で完成させてください（一番良いと思う選択肢を選んでください）。

▶私にとって一番大事なことは、

a. スクラムに沿った効率的で楽しい開発チームを作ること。

b. 製品チームのメンバー(プロダクトオーナー、開発チーム、マネージャー、その他のステークホルダー)と、良好な人間関係を作ること。

c. 組織全体がアジャイルのマインドセットを持つことを手助けすること。

▶プロダクトオーナーは、

a. チームの一員ではないので、レトロスペクティブに出席すべきではない。

b. 私のパートナー。手助けします。

c. 自己組織化されたプロダクトオーナーチームの一員として、プロダクトポートフォリオ※1の面倒を見る。

▶情報共有や手助けを必要としている他のチームは、

a. 「あの人たち」と呼ばれていて、そのニーズを気にかけることはない。

b. プロダクトオーナーにバックログアイテムとして計画するよう、依頼しなければならない。

c. 同じ会社の一員として、お互いに助け合う。

※1　複数のプロダクトに対する資源配分や戦略のこと。

▶マネージャーに期待することは、

a. チームのミーティングにはいっさい出ないでほしい。

b. 望ましい環境を作ったり、邪魔なものを取り除くのを手助けしてほしい。

c. 私の学びを手助けしてほしい。そして、組織レベルでのイノベーションや変化を応援してほしい。

▶私がほしいものは、

a. 私が達成するべきことへの、明確で測定可能な期待。

b. 長期的なチームの成功を目指す機会。

c. 担当部署の外であっても、イノベーティブで創造的なアイデアを思いつく自由。

▶スクラムマスター同士のグループは、

a. 役に立たない。私の仕事を他のスクラムマスターにさせる必要はないから。

b. 役に立つ。お互いに経験を共有して、手助けすることができるから。

c. 最も重要なグループ。私の担当組織だけでは「世界は変えられない」のだから。

「a」を選んだ人はレベル1。「b」はレベル2。「c」はレベル3です。各レベルについてはこの先の各項で説明します。

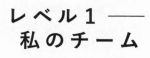

レベル1 ──
私のチーム
...
Level 1—My Team

　このレベルでは、スクラムマスターは開発チームにだけ責任を感じます。これは珍しいことではありません。研修を受けてスクラムの理論を適用し始めたばかりの新人スクラムマスターはだいたいそうです。研修を受けながら、
「私が毎日、みんなの役に立つにはどうしたらいいんだろう？」
といった疑問に悩み始めるのです。

　スクラムマスターの目標に立ち返れば、その答えが見えてきます。自己組織化した開発チームを作ること、そしてスクラムの価値観とアジャイルなマインドセットを持ってもらうことです。これは長期の活動であり、短期の作業では

ありません。これを踏まえて最初のステップでは、まずスクラムマスターの心理状態モデルにある「観察」をすることに慣れましょう。そしてアドバイスを与えたり、自分で障害物を取り除きたくなる衝動を抑えます。

　変化の第一段階では、開発チームの抵抗、理解の不足、オーナーシップや責任の欠如、経験不足などへの対応で大忙しでしょう。そしてこの段階を越えると、別の疑問が湧いてきます。
「私のチームが完全に自己組織化したあと、私はなにをしたらいいんだろう？」
　この気持ちは本当によくわかります。はじめのうち、スクラムマスターはティーチング・説明・障害物の除去に比較的多くの時間を割かざるをえませんが、しばらくたったある時点では、もう必要ないかもしれません。チームの議論や会議のファシリテーションも同様です。たとえば、スタンドアップミーティングはスクラムマスターが手伝わなくても行えるぐらい十分にシンプルです。そうなったら、スクラムマスターは、**#スクラムマスター道**の次のレベルに向けて準備します。まだやらなければならないことがたくさんあります。

 覚 え て お こ う　　　　　　　　Remember

- **#スクラムマスター道**の最初のレベルは、変化の初期段階に適しています。しかしそれは、偉大なスクラムマスターへの旅の始まりにすぎません。

レベル2 ——
関係性
・・・
Level2—Relationships

あなたはチームがいい状態だと感じています。第二のレベルに移行して、関係性に注目するべき時期です。その第一歩は、プロダクトオーナーをチームに引き入れ、まとまりがあり、自信に満ちたスクラムチームを作ることです。スクラムの3つの役割の間で、バランスの取れた関係性を構築します。

それが完了したら、次の一歩は、チームが持つあらゆる関係性やつながりを強化することです。たとえば、顧客、ユーザー、製品に関わる人々、マーケティング、サポートセンター、他のチーム、マネージャーなどです。関係するあらゆる人々に自己組織化を広げつつ、一緒に手を動かす人と自己組織化したチームを作ります。大規模スクラムのモデル（後ほど紹介します）を実践しても良いでしょうし、コミュニケーションと情報の流れの全体像に注目するだけ

でも良いでしょう。

　そのため、開発チームレベルでスクラムを説明するスクラムマスターのスキルを持っていることは、この関係性のレベルでも大事なバックグラウンドになります。他にも不可欠な要素として、会議体※2、役割、作成物のセットとしてスクラムを理解しているだけでなく、文化、哲学、マインドセットの理解・定義が必要です。この段階では、スクラムを経験主義的プロセスとして考える必要があります。例えるなら、周囲に一定の境界と一般的なルールが決まっている遊び場のようなものです。詳細な遊び方はチームに任されており、チームごとに違ったものになっていくでしょう。

　この段階では、特定の領域のオーナーシップと責任を取るために、より柔軟な仮想チームが構築されます。そうしたチームの中には、問題を解決・対処したら消えていくチームもありますが、もっと長期間活動し続けるチームもあります。この段階では、協力関係を継続的に改善し、永続的に順応し続ける、そうした環境づくりが不可欠です。

覚 え て お こ う　Remember

- アジャイルな組織の中にいるのは、開発チームやスクラムチームだけではありません。
- スクラムとはマインドセット、文化、哲学であり、決まった手法のセットではありません。

※2　スクラムで定義された会議体には、スプリントプランニング、デイリースクラム、スプリントレビュー、スプリントレトロスペクティブが含まれます。スクラムでは、1か月以内の**スプリント**と呼ぶ固定の期間ごとにこれらの会議体を繰り返します。**スクラムイベント**とも呼ばれます。

> # レベル3 ──
> # システム全体
> ...
> ## Level 3—Entire System

　ついに**#スクラムマスター道**の最終レベルです。システム全体として、組織やその一部に注目します。この段階では、組織に持続可能な繁栄をもたらし、人々を刺激し、社会に価値をもたらすよう、仕事の世界を変革したいと考えます。これがまさに Scrum Alliance[3] のミッションです。

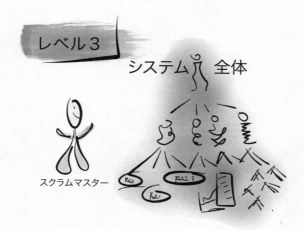

　レベル3ではスクラムマスターの焦点はシステム全体に移り、アジャイルのマインドセットとスクラムの価値観を企業レベルに持ち込みます。そうするこ

※3　Scrum Alliance（scrumalliance.org）は、スクラムの普及促進を目的としたアメリカの非営利団体です。認定スクラムマスターなどの資格認定を行ったり、会員同士が交流するサービスの提供、カンファレンスの催行や支援などを行っています。

とで、従業員への接し方、マネジメントやリーダーシップのスタイル、プロダクトオーナーシップや戦略にいたるまで、組織がそのやり方を変えるのを手助けします。より柔軟になり、変化を歓迎するようになります。

　新たなスクラムの理解・定義は「生き方」そのものです。あなたが生きる上での文化や哲学になります。働き方にとどまらず、個人の生活にもスクラムの原則を適用できることに気づきます。家族でスタンドアップミーティングをしたり、家族でバックログを作るといったことではなく、スクラムの態度、原則、アプローチが生き方にも適用できるという意味です。

　このレベルのスクラムマスターはアジャイルコーチやエンタープライズ※4コーチとして、組織がより効果的で、満足でき、成功するための手助けをするようになります。スクラムマスターはどんな状況においても、3つのレベルすべての現状を認識する必要がありますが、状況にあわせて活動はさまざまです。ただし気をつけて。前のレベルがうまくいかないのに、次のレベルにジャンプすることはできません。

覚えておこう　Remember

- スクラムマスターはアジャイルコーチやエンタープライズコーチとして働き、組織全体を改善します。
- スクラムとアジャイルとは、生き方です。
- まず開発チームのレベルの問題を解決し、次に関係性を改善してから、システム全体のレベルに注目します。

※4　エンタープライズ ＝ 大企業のこと。

• より下位のレベルから目を離さないようにします。そうすればチームは、より上位のレベルと関わり合いながら、時間とともに改善していきます。

Special tips

偉大なスクラムマスターを目指すためのヒント
Hints for Great ScrumMasters

• スクラムマスターの心理状態モデルのうち、どのアプローチを取るかを決める前に、観察しましょう。

• チーム自身で障害物を取り除くよう手助けすることを通じて、障害物を取り除きましょう。

• ファシリテーションとは、会議を開催したり、本を読んだり、ファシリテーションの研修に出ることだけではありません。

• コーチングで重要なのは、あなたの経験ではなく、良い質問をする能力です。

• **#スクラムマスター道**の3つのレベルすべてに取り組みましょう。開発チームのレベルのみにとどまっていてはいけません。

• アジャイルとスクラムは、偉大なスクラムマスターの働き方と生き方そのものです。

スクラムマスターの
グループ

・・・

The ScrumMasters' Group

　組織を次のレベルに移行しようとするときの重要な要件の1つが、スクラム
マスターの強力なグループです。自己組織化、高いモチベーション、活発さ、
ボトムアップのオーナーシップを持つ組織になるために必要です。**#スクラム
マスター道**における「私のチーム」レベルのスクラムマスターの働きは、あな
た1人で作り、完成させることができますが、それは出発点にすぎません。**働
き方を変える**という目標を達成するための成長戦略としては十分ではありませ
ん。役職としてアジャイルコーチを置くこともできますが、たとえ最強のア
ジャイルコーチでも、1人で組織を変えることはできません。成功には、自己
組織化したチームが必要です。ですから、スクラムマスターたちで構成される
チームを作るのが最良の出発点となります。

　スクラムマスターチームの目的は、他の人たちがシステムレベルの準備をするのを手助けしてから、一緒になってシステム全体に注目することです。そこで考えるべきことは、どうやって多様な人々を巻き込むか、どうやって企業の組織構造を横断する仮想的な（時に一時的な）自己組織化したチームを作るか、どうやって人々を巻き込んでオーナーシップを取ってもらうか、ということです。

1つのシステム
としての組織
・・・
The Organization as a System

　旧来の手法で「さらにアジャイルな状態」を目指すと失敗します。旧来の方法は自己組織化を前提としておらず、組織を1つのシステムではなく階層構造として捉えるからです。スクラムマスターがアジャイルコーチのレベルで働き始めると、組織を1つのシステムとして捉えることに苦労しがちです。その多くは、頭の中が対応できないことに起因します。彼らがこれまで目前の状況に対応するために使ってきたのは、**#スクラムマスター道**におけるレベル1〜2で有効だった手法です。ワークショップを開催したり、説明したり、新しい概念を導入したり、チームレベルのコーチングをしたり……。しかし、組織を1つのシステムとして捉えることには失敗するのです。

　システムやエンタープライズのレベルでコーチングを適用する必要があります。目標は短期的ではなく、単純な道はありません。「組織と関係性のためのシステム・コーチング（ORSC）」［4］※5 を参考にやるべきことを考えます。遊び心、好奇心を持って実験する必要がありますし、さまざまなことを試して刺激し、反応を得なければなりません。システムはなんらかのフィードバックをくれるはずです。あなたがやるべきことはシステムとは本来、創造的であり、賢いものだと信じることだけです。システムの内側にいる人々は、なにをすべきかの指示を必要としていません。やるべきことは自分たちで見つけます。しかしはじめのうちは、やるべきことがはっきりと見えないかもしれないので、スクラムマスターを必要とします。コーチとして現状維持のマインドに問題を提起し、あなたなりの視点で気づいたことを伝えましょう。

※5　https://crrglobaljapan.com/orsc/

　スクラムマスターのチームを作ることは、単純そうに見えて、実際はなかなか大変です。ここからは、その進め方の典型的なシナリオについて説明していきます。

覚 え て お こ う　　　　　　　　　Remember

- 人々の働き方を変えるには、あなた自身のスタイルとアプローチを組織に適応させる必要があります。
- 企業を次のレベルに進め、アジャイルな組織を構築するための第一歩は、強力なスクラムマスターチームを作ることです。
- あらゆる組織は本来、創造的で賢いシステムなので、中にいる人たちは、やるべきことを自分たちで見つけます。

最初の試み

　最初の一歩は簡単そうに見えます。

「うちにはスクラムマスターたちがいます。定期的に会うようにして、チーム
を作りましょう」

　スクラムマスターたちはいつも自己組織化を教え、チームに導入しているく
らいですから、彼らのグループが自己組織化するなんて、朝めし前にきまって
ます。しかし、彼らに自己組織化を提案すると、驚くほど大きな抵抗にあいます。

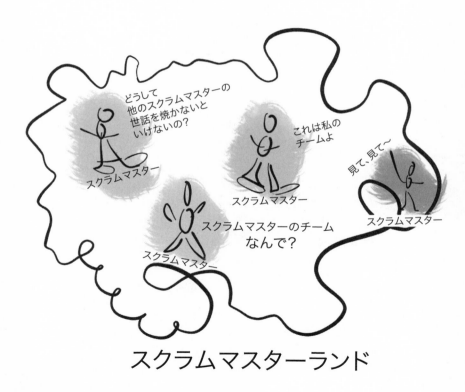

スクラムマスターランド

「目的はなに？　そのグループになんの価値があるのかわからない」

「私のチームに他のスクラムマスターの助けなんかいらないよ。スクラムマスターはそれぞれ別だし、チームが抱えている問題も違うんだ。だから戦略もそれぞれ違うんだ」

「ハマっているときに他の人からアドバイスをもらえたらありがたいけど、そういうときは直接、聞きに行っちゃうしなぁ」

　問題は明らかで、スクラムマスターたちがほとんど**#スクラムマスター道**の「私のチーム」レベルで働いているのです。ですから、このような苦情が出るのも当然です。

　まずやるべきことは、スクラムマスターたちに**#スクラムマスター道**における彼らの役割を説明することです。その上で、スクラムマスターチームの構築に進みます。最初はほんの一部しか次のレベルに進む準備ができないかもしれませんが、まったく問題ありません。

　注意してください。これは多くの人にとって、とても大きな一歩です。マネージャーからとても明確で測定可能な目標（「スクラムを適用してチームを効率化する」など）をもらっていた旧世界から、不確実で創造的な新世界に移り、文化を変え、新しいタイプのリーダーシップを適用してほしい、と言っているのです。ここでの期待は、たとえば「より活発で、参加型で、自信の持てる組織にする」ということです。

はじめの一歩
First Steps

- **#スクラムマスター道**を説明して、スクラムマスターたちが、多くの時間をどこに割いているか、自己評価してもらいます。

- 次のレベルに進むべき理由を理解してもらいましょう（「**#スクラムマスター道**がそう言っている」という回答では不十分です）。
- スクラムマスターグループのビジョンを理解できる、十分に熟達したコアチームを作りましょう。

スクラムマスターランド

　さて、あなたがいるのはスクラムマスターランドです。これまでの数か月間で、いい感じの自己組織化したスクラムマスターチームを作り上げたと仮定しましょう。チームは環境を改善し、アジリティを高めようとしています。これで完成でしょうか？　いえ、まだです。普段、スクラムマスターは人々がどのように変わっていくのかに注力し続けなければならない役割です。だからこそ、人々はスクラムマスターの進め方に協力的になり、邪魔せず、スクラムやアジャイルを行うことも妨げないのです。しかし驚くべきことに、スクラムマスターたちは、スクラムマスターチームのメンバーとして、支援したチームのメンバーと同じ過ちを犯してしまいがちです。

「あいつらが変わるべきだ」

「そっちこそ理解すべきだ」

などと言いながら。スクラムマスターのグループが、他のスクラムマスターたちに変化してほしいと思っているのは、そういう認識があるからです。そんなスクラムマスターたちの興味を引くような研修をやりましょう。研修で原則を教わっても、日々の仕事に生かすのはなかなか難しいものですけれど。

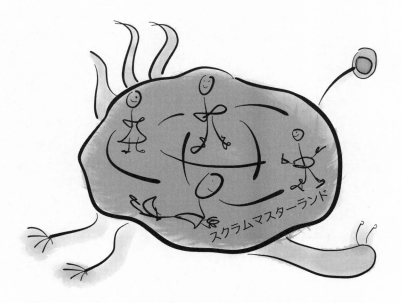

　このレベルでのスクラムマスターの成功を妨げる制約は2つあります。1つ目は、次節で述べますが、システムの考え方やシステム全体を俯瞰する視点が不足していることです。もう1つは、チェンジマネジメントの経験が不足していることです。そして、これらは本来のスクラムの意味ともつながっています。この段階のスクラムマスターたちは、まだ**#スクラムマスター道**でいう「関係性」レベルにいます。「私たち」がすべてです。どうして「彼ら」（サポート、マーケティング、セールス、マネージャー、他のチーム）がもっとアジャイルにならなければならないのかと尋ねれば、だいたいは、それが必要だからだ、と答えるでしょう。

「いまはスクラムをやっているんです。固定された計画なんてもう作れませんよ。彼らが変わらないと。もっと柔軟になるべきです」

　しかしこれは、いま必要なアプローチとは正反対です。相手の立場に立つことから始めましょう。相手の視点に立って、

「彼らにとってどういう意味があるんだろう？　どうして変わらないといけないんだろう？」

「なぜ会社はもっとアジャイルになるべきなんだろう？」

などの疑問に答えます。いったん相手の視点を理解できれば、また新しいアジャイルへの移行をスタートすることができます。それには、あなたが以前、数人の開発者やテスターをスクラムに移行させたときと同じぐらいの、大変な労力が必要になります。大きな変化です。うまくいかせるために、あなたがいるのです。

はじめの一歩
First Steps

- あなたがなにをすべきかではなく、相手の視点で見ましょう。彼らが求めているもの、恐れているもの、ものの見方を理解しましょう。
- アジャイルやスクラムを適用することがゴールではありません。これらは文化を変え、よりベターになるために役立つツールにすぎません。

世界を変えよう

　最後の段階では、システム全体を俯瞰する視点から理解する能力が必要です。物事の全体を見ます。細かいことにはこだわらないようにします。そこはチームの視点で見るときと変わりません。いったんチームをシステムとして捉えることができれば、プロセスの細かな違いや、個人が抱える問題はそれほど重要ではなくなります。1万フィートの高さから、下に見える世界全体を観察するようなものです。その視点から、なにが課題かを考えます。スクラムは経

験主義的なプロセスです。スクラムの遊び場には、従うべき明確な境界とルールがあります。しかし実は、スクラムマスターとしてのあなたを悩ませる問題は、すぐに解決しなくてもかまいません。それらはシステム全体を俯瞰する視点から見れば重要ではないからです。もしあなたを悩ませ続けるようなら、チーム全体へのコーチングを通じて、問題に気づいてもらいましょう。状況をもっと深刻化させましょう。そうすれば、チームが自ら行動を見直すきっかけになるかもしれません。

スクラムマスターランド

　スクラムマスターたちが組織全体のレベルに適用する必要があるアプローチもこれと同じです。システムがより大きく、複雑になっただけです。コーチングするのも、全体を捉えるのも、理解するのも、より難しくなります。ここで使われる概念は、システム思考［5］と呼ばれるものです。

　システム全体のレベルで注視すべき大事な点は、システムが内包している関係性と力学です。なにか変更を加える前に、システムの部品や要素を模造紙に描き出し、どのように影響し合うのかを明らかにすることから始めると良いでしょう。良い影響だけでなく、悪い影響も考えてください。両方の効果を増幅させるループを探します。これはグループで行うべき活動です。うまく使って、会社を変える方法について議論を始めましょう。

　もう1つ、複雑なシステムを扱うための優れたツールがインパクトマッピング［6］です（第7章「スクラムマスターの道具箱」の同名の節で説明しています）。これはもともとプロダクト管理のためのツールでした。「インパクトマッピングは、インパクトを与えるような製品を作り、プロジェクトを完遂するために役立ちます。単にソフトウェアを出荷するためだけのものではありません。」［7］

　しかしこのツールは、システムを変えるという目標にも完全に適用できます。システム全体を俯瞰する視点を強化し、すべてのアクター、インパクト、成果物を描くことができるからです。

はじめの一歩
First Steps

- システム全体のレベルで注視すべき大事な点は、システムが内包している関係性とダイナミクスです。
- システム全体になにがどう影響するのかを把握するために、システム全体のマップを描きましょう。

クネビンフレームワーク
...
Cynefin Framework

　スクラムマスターとして、問題や状況を分類できるようになるべきです。その分類をもとに、どういったアプローチをとるか決めていきます。クネビンフレームワークはデイブ・スノーデンによって述べられたもの［8］で、とても有用です。問題を自明、煩雑、複合、混沌、無秩序の5つの領域に分類します。ソフトウェア製品を開発していると、すべての領域の問題にぶつかることになるでしょうが、開発の仕事のほとんどは、おそらく複合にあたります。

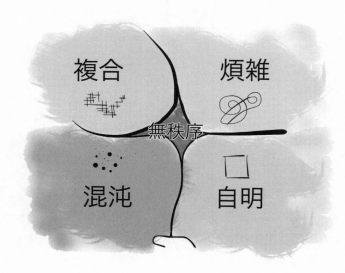

自 明

　もし問題がすべて単純だったなら、解決策は自明で、正しいアプローチの選択にはなんら問題はありません。これは**ベストプラクティス**の世界です。ただ状況を認識・分類し、ベストプラクティスに示された解決策を適用するだけです。

煩 雑

　しかし、状況によってはそれほど単純ではなく、分類するために分析が必要な場合があります。この領域では、専門家に解決策を提示するよう依頼します。私たちはこの分析の過程で、最終的な決定に必要な情報が得られると信じています。聞き覚えがありませんか？　これ、旧来のウォーターフォールですね。

　煩雑の領域は、**グッドプラクティス**の世界です。入念に計画され、そこそこの量の分析のあとでプラクティスが選択されます。

複合

　残念ながら、いくつかの状況は単純でも煩雑でもありません。このようなケースでは、事前に判断するのが難しいため、詳細な分析でさえ失敗します。唯一の方法は、**創発的なプラクティス**が出てくるようにすることです。これは、アジャイルやスクラムであなたが作っている世界です。

　ソフトウェア開発がいくら複合的な領域であるといっても、単純な状況に出会うこともあります。継続的インテグレーション、スタンドアップミーティング、スプリント、レトロスペクティブ、スクラムボードなど、すでにある解決

策を使うことができます。煩雑な状況もあり、そこではグッドプラクティスを使えます。たとえば、スクラムボードの作り方、バックログアイテムの形式、製品アーキテクチャ、ユーザビリティ、根本原因分析などです。しかし、ほとんどの状況は分析や経験では解決できません。そのような複合的な状況では、よりダイナミックに検査と適応を行う必要があります。それこそまさにスクラムの仕組みです。改善を実施し、各スプリントで定常的に実験を行います。コミュニケーション、協力、働き方について複合的な情報を得て、適応します。

混沌

次の領域は混沌と呼ばれます。デイブ・スノーデンはよく子どものパーティの例を挙げます。完全に予測不可能で、コントロールしようとするすべての試みは失敗します。これは、"場当たり的なプラクティス" の世界です。コントロールするためには、普段考えつかないような非凡な解決策を思いつく必要があります。

　このような状況は職場でも発生します。たとえば、重大なバグが会社と顧客全体を止めてしまいます。すぐに修正する必要があります。

「最初の解決策が最良とは限らないが、動作するなら十分だ。まず止血。一息ついて、真の解決策を決めよう。」[9]

無秩序

　最後は、無秩序な領域です。クネビンの概念の中心にある領域は、状況を分類する方法がわからず、たいていの場合、以前に使ったアプローチを適用します。見慣れた状況のはずでしたが、しばしば失敗します。

　クネビンの領域の境界は厳密ではありません。どの象限にいるのかわかりにくいときがあります。一番危険なのは自明と混沌の境界で、間違った判断が大惨事につながるかもしれません。

自明？
それとも
混沌？

Exercise

| エクササイズ：**クネビンフレームワーク** |

　ここ数回のスプリントで出会った問題と状況をふりかえって、クネビンフレームワークを使って分類してみましょう。

- **自明：**..　書いてみよう！
- **煩雑：**..
- **複合：**..
- **混沌：**..

CHAPTER

4

メタスキルと
コンピタンス

...

Metaskills
and
Competences

　ここまで読み進めてきた皆さんには、偉大なスクラムマスターのあるべき姿が想像できるのではないでしょうか。偉大なスクラムマスターならどう考えるでしょうか？　偉大なスクラムマスターになるには、どんなスキルの習得が求められますか？　成功するためには、どの領域の経験を積む必要がありますか？　獲得しないといけないコンピタンス（能力）は？

メタスキル

・・・
Metaskills

　メタスキルとは、ある状況において意図的に取る態度、考え方、スタンスのことです。これらは個人がそれまでの経験に基づいて、新しい状況に適用する認知的方略※1です。ここでは、専門的な議論は避け、より一般的に話を進めましょう。メタスキルとは、具体的なスキルを引き出す、より抽象的なスキルのことです。

スクラムマスターのメタスキル

　すべてのスクラムマスターが持つべき、最も重要なメタスキルは以下の通りです。

- ティーチング
- 傾聴
- 好奇心

※1　認知的方略（Cognitive Strategy）は、学習者自身が選択する学習のやり方のこと。学習心理学者R.M.ガニエらは次のように言ってます。
　「現代の学習理論の用語でいうならば、認知的方略とは制御過程であり、学習者が注目・学習・記憶・思考する方法を選択したり、修正したりする内的過程である。」［43］

- **尊敬**
- **遊び心**
- **忍耐**

状況に応じて適切なものを選び、意図的に使用することがとても大事です。たとえば、中核的なメタスキルの中から好奇心を選択してディスカッションに臨む場合と、傾聴やティーチングを選んだ場合とでは、違った行動を取ることになるでしょう。

状況によって異なるメタスキルが必要とされ、最初に選んだスキルをずっと選び続ける必要はありません。ですが、メタスキルを切り替える際は意図的にすべきです。以前使ったことがあるスキルをなんとなく使うのはお勧めしません。

覚 え て お こ う　　　　　　　Remember

- あらゆる状況で、中核的なメタスキルから1つだけ選び、そのイベントの間はずっと同じものを使いましょう。
- メタスキルごとに、役に立つ状況は異なります。
- 行動する前に、常に意図的にメタスキルを選択しましょう。

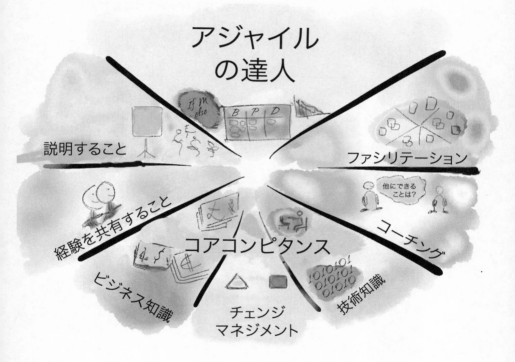

Exercise

｜ エクササイズ：メタスキル ｜

各メタスキルについて、それを使う価値のある状況を考えてみましょう。

- **ティーチング：**

.... 書いてみよう！

- **傾聴：**

....

- **好奇心：**

....

- **尊敬：**

....

- **遊び心：**

....

- **忍耐：**

....

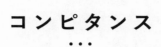

コンピタンス
・・・
Competences

あらゆるスクラムマスターが持つべきコンピタンスや経験の領域について考えてみましょう。ここでは、そのうち最も重要なものを取り上げます［10］。

アジャイルの達人

まず、スクラムマスターはアジャイルの達人でなければなりません。スクラムチームやアジャイルな環境での経験がないと、ゼロからスクラムを実装するのはかなり困難になります。自己組織化した環境での経験も不可欠です。さらに、アジャイル開発のプラクティスの経験、テスト、アジャイルリーダーシップ、マネジメント、アジャイルプロダクトオーナーシップ、大規模スクラムの実践なども、とても役立つでしょう。これらに加えて、リーン原則、カンバン、エクストリームプログラミング（XP）の一般的な理解も役に立ちます。

しかし、理論だけでは十分とはいえません。スクラムマスターは気づきを得るために、幅広く物事を調べる必要があります。カンファレンスに参加して、他の参加者や講演者とリアルな状況について話し合うのも1つの手です。ユーザーグループのイベントに参加するのもいいでしょう。多くのカンファレンスでは講演のビデオを録画しているので、出かける必要さえありません。アジャイルコミュニティはとても活発で、何百ものブログ、記事、ケーススタディが

連日公開されています。アジャイルやスクラムの新しいトレンドを追いかける
のはとても簡単で、誰でもアクセスできます。

　アジャイルをマスターするということには、シンプルなスクラムの原則を一
般化し、本来想定されていない環境にも適用する能力を持つことも含まれま
す。実験を行い、その結果を他の人に共有しましょう。「検査と適応」の原則
とは、失敗から学ぶことです。ですから、会社で失敗するのも学習プロセスの
重要な一部と考えましょう。

説 明 と 経 験 の 共 有

　コンピタンス図のこの部分はティーチングのメタスキルに関連しています。
さらに、偉大なスクラムマスターであれば、アジャイルに関する概念をさまざ
まな相手に売り込んで、強く関心を引き、夢中にさせることができなければな
りません。

　実際の経験がなければ、特定のプラクティスや成果物を採用するのは難し
く、主要なミーティングを効率的に実施することすらおぼつかないでしょう。

それだけではありません。たとえば、社内であなたの経験を共有したり、他の会社と協力して相互訪問を企画したり、経験があればいろいろとできることがあります。

ファシリテーションとコーチング

もう1つは、ファシリテーションとコーチングです。自分の経験は置いておいて、傾聴と好奇心のメタスキルを適用し、チームに決定してもらいます。ファシリテーターとして、議論の中身ではなく枠組みづくりに責任を持ちます。ファシリテーションとはミーティングを確実に行うことだけではなく、いかに効果的で価値あるものにするかということです。適切に行えば、議論に明確な意味が生まれ、効率的な流れができるため、
「スクラムは会議ばっかり」
という不満の声は鳴りやみます。

コーチングにおいて理解しておくべき一番大事な点は、コーチングとはあなたが理解することでも、アドバイスや提案をすることでもないということです。優れたコーチは、いわゆるパワフルクエスチョン※2を問いかけ、チームがなにを、なぜ求めているのか、チーム自身で認識してもらうのです。注意すべき点は、

「この人たちなら、自分の頭の中にある解決策より、もっと良いものを考えつくだろう」

と本気で信じていないと、コーチングはとても難しいものになるということです。つまるところ、コーチングとはアドバイスを与えることではなく、チームが自分なりの解決策を考えつく手助けをすることなのです。あなたが正しい質問をしたなら、チームは必ずできます。

コアコンピタンス
・・・
Core Competences

スクラムマスターには、持つべきコアコンピタンスが3つあります。そのすべてについて深い知識を持っていないといけないわけではありません。専門的な知識は、スクラムマスターが良いファシリテーターやコーチでいることを妨げることもあります。こうした知識はむしろ「スパイス」として使うべきで

※2　イエス／ノーで答えられる単純な質問ではなく、チームが自ら考え、最良の答えを導き出せるような質問のこと。

す。この3つのコンピタンスはまったく別物なので、すべてにおいて深い経験を積むのは難しいものです。しかしながら、それぞれについてのちょっとしたノウハウは大変役立ちます。

ビジネス知識は、#スクラムマスター道 の「私のチーム」のレベルではそんなに重要ではありません。なぜなら、プロダクトオーナーがこのあたりの責任を持つためです。しかし、その先2つのレベルでは、スクラムマスターはプロダクトオーナーにアジャイルなプロダクトオーナーシップを教え、アドバイスをし、プロダクトポートフォリオを管理するための新しい考え方や方法を紹介する力を持つべきです。

チェンジマネジメントは、特に有用です。なぜならスクラムマスターは企業に変化をもたらす人だからです。変化には、日本人が「カイカク」（改革）と呼ぶ大きな変化もあれば、「カイゼン」（改善）と呼ぶ小さな変化もあります。

カイカクとはめったに起きない変化、大きなブレイクスルーのことです。それはとても難しく、非常に多くの抵抗を生みます。たとえば、伝統的なマネジメントがアジャイルに移行するときなどがこれにあたります。一方、カイゼンとは、小さな進歩や漸進的な改善のことです。スクラムのレトロスペクティブの目的はカイゼンです。現在の仕事のやり方を、直ちに改善できそうな、最初の一歩を導き出すだけです。たとえば、「同時にやるユーザーストーリーは1つだけ」のルールを採用してみよう、などです。

技術知識も役立ちます。ただし、スクラムマスターがチームにコードの書き方をアドバイスしたり、コードを書いてあげたりするためではありません。技術知識があれば、開発プラクティスのレベルでアドバイスができるからです。エクストリームプログラミングのプラクティスが特に役立つでしょう。たとえ

ば、コードの共同所有、シンプルさ、継続的リファクタリング、ペアプログラ
ミング、継続的インテグレーション、テストの自動化、テスト駆動開発などで
す。スクラムマスターが技術的なバックグラウンドを持っていれば、こうした
プラクティスを導入する際にとても役立つでしょう。

Exercise

| エクササイズ：どのコンピタンスを持っていますか？ |

　以下の2つの図を見て、使い方を学んでください。そして、空白のチャート
を使って現在の状況を評価しましょう。まずは現実を認識します。各パートを
塗りながら、現在そのコンピタンスをどのくらい上手に実践できているかを認
識しましょう。次に、別の色で改善したい領域を塗ります。円の中心は「よく
ない😣」、端にいくほど「すばらしい😊」です。

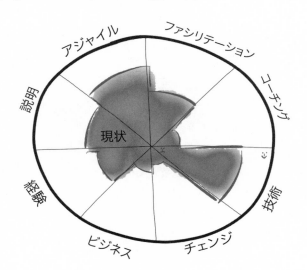

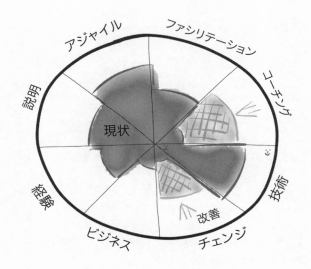

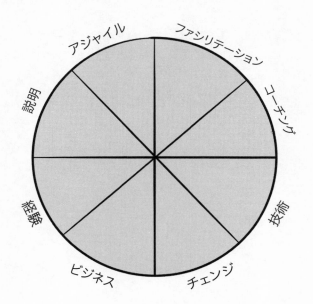

Special tips

偉大なスクラムマスターを目指すためのヒント
Hints for Great ScrumMasters

- 組織をシステムとして捉えましょう。

- 組織の複雑さに対処するために、スクラムマスターからなる本物のチームを作りましょう。

- 好奇心、遊び心、尊敬、忍耐のメタスキルを、意識的に日常で使ってみましょう。

- スクラムマスターの学びに終わりはありません。ブログをフォローしたり、本を読んだり、ビデオを観たり、毎年なにかしらの研修を受けたりして、狙ったコンピタンスを向上していきましょう。

CHAPTER

5

チームを構築する

...

Building Teams

　優れたチームを構築する能力は、偉大なスクラムマスターに求められる、最重要のコンピタンスです。ここではチームビルディングのためのより良いアイデアを紹介します。普通のチームと偉大なチームの違いとはなにか、機能不全のチームを改善するにはどうするか、偉大なチームに成長できる環境を作るにはどうしたらいいか、などです。

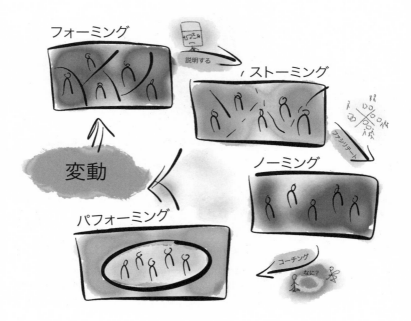

タックマンの
集団発達モデル
. . .
Tuckman's Group Development

　チーム開発の古典的な理論の1つに、集団の発達段階に関するタックマンモデル［11］があります。この理論がスクラムの環境にどう当てはまるのかを見ていきましょう。想像してください。あなたはアジャイルへの移行を始めたばかりで、スクラムを取り入れようとしているところです。目の前には人の集団があって、それをチームと呼んでいます。自己組織化したスクラムチームとして、ゆくゆくは職能横断になっていくだろうとあなたは考えています。さて、そこでなにが起こっていくでしょう？

フォーミング（形成期）

　フォーミングの段階にいるチームは、一見、問題ないように見えます。メンバー同士であまり会話も協力もせず、古い習慣のまま、単独行動の専門職のままです。実際、お互い相手を必要としていないのです。そうした働き方の人々にスクラムを適用するのは大変で、
「うちの環境ではスクラムは全然使いものにならない」
と不平が聞こえてきます。
　この段階でのスクラムマスターの役割は、バックボーンとなるスクラムの原則を説明し、紙の上だけでなく、チームメンバーの心の中で変化を引き起こし、チームを古い習慣から脱却させることです。スクラムマスターは心理状態

モデル[1]のすべての領域で力を発揮しなければなりません。特にティーチング、説明すること、経験を共有すること、に関わる時間が大幅に長くなります。

ストーミング（混乱期）

　ストーミングの段階は通常、フォーミングのすぐあとにやってきます。スクラムはチームの限界をはるかに超える協力、コミットメント、コミュニケーションを要求するからです。スクラムのプロセスに合わせようとすればするほど、その要求は高まり、チーム内での議論は激しくなり、冷静さを失うこともあります。居心地が良くないので、この段階から抜け出すための助け舟をチームは喜んで受け入れます。

　ここでのスクラムマスターの役割は、チームに話し合いをするよう働きかけることと、お互い一緒に働くことができそうなワーキングアグリーメント[2]を作るよう勧めることです。ここで一番大事なスクラムマスターの心理状態モデルは、ファシリテーションです。円滑なコミュニケーションはチームをストーミングの混乱から救い、次の段階であるノーミングへ導くからです。一方、コミュニケーションが十分でないと、チームはバラバラになり、機能しなくなります。

ノーミング（統一期）

　ノーミングの段階になると、チームはストレスから解放され、ようやく一息

※1　第2章「心理状態モデル」参照。
※2　働き方の合意。

つけるようになります。

「おお、ついにうまくいった」

「前よりいいよね！　すばらしい」

なんて声が聞こえます。しかし、これこそがノーミングがとても危険な時期だといわれる理由ですので、注意してください。チームを現状維持の誘惑が襲います。

「私たちはうまくいってる。もうこれ以上、改善する必要なんてない」

　でもここがゴールではありません。こんなところで終わるために努力をしてきたわけではないのです。良いチームではあっても、まだあなたが目指すハイパフォーマンスなチームではありません。

　ここでのスクラムマスターの役割は、チームがさらに良くなるための道を示すことです。チームが当事者意識と責任感を持ち、改善を続けるよう励ましましょう。スクラムマスターの心理状態モデルのうち、この段階で一番重要な道具はコーチングです。コーチングなしでは、チームは永遠にこの段階にとどまってしまいがちです。この状態はそれほど悪くなく、もうかなり快適で生産的だからです。

タックマンの集団発達モデル　　**89**

パフォーミング（機能期）

　とはいえ、スクラムで達成したい本当のゴールはパフォーミングの段階です。これこそが本当のスクラムチームです。では、どうしたらそうなっているとわかるのでしょうか？　まず第一に、チームが自信に満ちあふれ、常により良い方法を探しています。ここで終わりだなんて思っていません。遊び心を持ち、実験を行い、それでいて失敗を恐れません。オープンで透明です。自己中心的ではなく、チームを超えて目を配っています。そこは創造的かつイノベーティブな職場で、楽しさに満ちています。

　ここでのスクラムマスターの役割はなんでしょうか？　つまり、チームが前の段階に戻ってしまったり、物事が悪くなったりするのを防ぐために、なにができますか？　それはもう観察しかありません。#スクラムマスター道の各レベルに目を配りながら、いつでもコーチ、ファシリテーター、障害物を除去する人として参画できるように備え、経験の共有や新しいことを教えられる準備をしておくのです。

変 動

　この組織開発モデルを完遂する前に、なんらかの変動が起こるのが世の常です。たとえ小さな変動（メンバーが1人抜ける／参加する、など）であっても、チームはバラバラになり、フォーミング段階に戻ってしまう可能性があります。フォーミングに長期間足を取られることはまずないでしょうが、各段階をもう一度くぐり抜けないといけなくなるかもしれません。すると今度はノーミング段階で動けなくなってしまい、抜けるのに1日かかる、あるいは永遠に抜けられないこともありえます。その理由を考えてみると、コミュニケーションやワーキングアグリーメントやチームの健康など、1周目ではスクラムマスターがかなり丁寧に面倒を見ていたのに、2周目では誰も考えていなかったんじゃないか、といったことが思い当たります。

　ですから、ここでのスクラムマスターの役割は、あらゆる変動を観察し、早期に発見し、たとえ数日間であっても、実際にチームがいる段階に合わせて振る舞いを調整することです。こうした理由から、偉大な、自己組織化したチームでさえもスクラムマスターを必要とします。チームだけでは変動に対処しきれず、ノーミングやストーミングの段階までしか到達できないかもしれないからです。

Exercise

| エクササイズ：**タックマンの集団発達モデルを使う** |

　いま、あなたのチームはどの段階ですか？

☐ フォーミング
☐ ストーミング
☐ ノーミング
☐ パフォーミング

次にとるアクションを書き出してみましょう。

.... 書いてみよう！
....
....

チームの5つの機能不全
...
Five Dysfunctions of a Team

　人々のグループが、偉大なチームから遠くかけ離れているときもあります。パトリック・レンシオーニが執筆した『あなたのチームは、機能していますか?』［12］では、こうした状況に対応するためのチームの5つの機能不全というコンセプトが紹介されています※3。これは下に行くほど、より基礎的にな

※3　同書では、第3層は「責任感の不足」と訳してますが、ここではスクラムの文脈に合わせて「コミットメントの不足」としています。

るピラミッドの形をしており、どんなチームでも一段ずつ克服しなければなりません。チームのコミットメント（3層）を期待するためには、そもそもまずチームのメンバー同士がお互いを信頼し（1層）、正直な態度で効果的に意思疎通できる必要があります。この信頼（1層）は、相手の意見に同意できないとき（2層）にも必要になります。ではアジャイルな環境において、このモデルがどのように適用されるのか、順番に見ていきましょう。

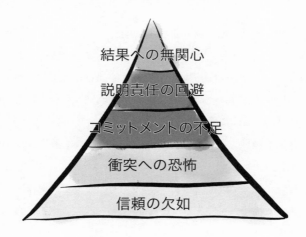

結果への無関心
説明責任の回避
コミットメントの不足
衝突への恐怖
信頼の欠如

信頼の欠如

　チームメンバーに聞いても、信頼が欠如していると認めるケースはほとんどありません。
「お互い付き合いも長いし、特に問題はないんですけど、どうしてわざわざ信頼について聞くんですか？」
などと言います。しかし彼らは静かに1人で作業をしており、傷つくことへの恐怖が、深い議論や協力を阻害しています。このようなチームメンバーは、お

互いを必要としていないのです。この段階ではそれぞれの人が、他人にはない専門性、特別な技術知識・業務領域のノウハウを持っていると信じています。チームメンバーは現状を維持し、サイロ※4 を守り続けます。

衝突への恐怖

　チームメンバーたちが衝突を避けている場合、ニセモノの調和を取り繕う傾向があります。ちょうどタックマンモデルのストーミング※5 の段階と同じように、チームメンバーたちは面倒になりそうな議論を避けようとします。そして、技術や製品の知識に基づいて作業をそれぞれ別々の分離した領域に分けて、現在のサイロに閉じこもります。

「やるべき仕事を領域ごとに分けているのに、どうして議論に時間を使わなきゃいけないの？」

「1つのユーザーストーリーに協力して取り組むなんて意味がない。コミュニケーションに不必要な混乱を生むだけだよ」

といった声が耳に入ります。

※4　セメントや穀物の貯蔵用倉庫のことで、1つの建物につき1つの内容物しか入れないことから、転じて**外との断絶した世界や領域、中に閉じこもった状態**を指します。

※5　p.88参照。

コミットメントの不足

　この種の機能不全は、アジャイルの旅の序盤ではよくあることです。
「スプリントの終わりまでに、なにを終わらせられるなんて言えないよ。なにが起こるかわからない」
「私の担当部分は終わるだろうけど、他の人の分はなんとも言えない」
といった声ですぐにわかります。また、コミットメントに苦労しているというチームをよく見かけますが、解決すべき問題はより低レベルの信頼の欠如にあるものです。

説明責任の回避

　ほとんどの人が、自分たちでスプリントを計画したのに、すべてのスプリントバックログアイテムを終わらせられないスクラムチームを見たことがあるでしょう。スプリントの終わりには、なにか理由をつけてそれを例外扱いし、次のスプリントにも同じ量の仕事ができると計画します。どんなチームでも時々は起こりうることではありますが、もし定期的に起こるようなら、明らかに機能不全です。

結果への無関心

　機能不全ピラミッドの最後の層は、結果への無関心です。すなわち、共通目標よりも個人目標を目指してしまうということです。共通目標とは、私たちがスクラムを組むことで成し遂げたい目標そのものです。自分だけのノウハウを

守って、担当範囲のコーディングやテストだけを終わらせるのではなく、「顧客に価値を届ける」という、チームのたった1つの共通目標を目指すべきです。そのためには、人々の考え方を大きく転換する必要がありますが、成功するためには避けて通れません。

スクラムマスターの役割

　では、スクラムマスターはなにをすべきでしょうか？　まず、チームが機能不全ピラミッドのどのくらい深い層にいるのかを確認します。それを認識したら、チームが理解を深めるために指導し、問題があることを気づかせるようにコーチングし、チームがどのように協力していくかについて、なんらかのチーム協定やワーキングアグリーメントを作成できるように支援しなければなりません。重要なのは、チームがなにを達成したいのか、なぜ達成したいのか、それに加えてどのようにしてそこに到達しようとしているのか、いくつかの計画を実現することです。

　最初の層を越えたときに役立つちょっとしたアドバイスは、チームのアイデンティティを意図的に作り出すことです。彼らを「チーム」と呼び、自分たちでチームの名前を決めてもらいましょう。個人になにを考えているかを聞くのではなく、常にチームに説明責任を果たさせます。
「チームとして、それについてどう思っていますか？」
「あなたたちはチームなので、皆さんで決めてください」
など。このような小さな変化がどれほどうまく機能するかに驚くことでしょう。

Exercise

｜ エクササイズ：機能不全のチーム ｜

どの機能不全がチームに見られますか？

- [ ] 結果への無関心
- [ ] 説明責任の回避
- [ ] コミットメントの不足
- [ ] 衝突への恐怖
- [ ] 信頼の欠如

あなたの次のステップはなんでしょう？

.... 書いてみよう！

....

....

チームの毒
・・・
Team Toxins

良いチームであっても、協力的な態度、コラボレーション、友好的な振る舞

いについては、不十分になるときがあります。ここでは、チームや組織を害する4つの毒［13］について紹介します。これらを把握しておくことは、それが現れた際に識別したり、チームがその状況を克服したりするのを助けるのに役立ちます。

非難する　　　　　　守りの姿勢

壁を作る　　　　　　侮辱する

非難する

誰もが、
「それはあなたのせいです！」
とやってしまうことがあります。失敗しても責任を取らないようにしようとするのは簡単で自然なことです。
　スクラムチームでは、たとえば、

「これはプロダクトオーナーのミスだ。バックログとユーザーストーリーの責任は彼にある。説明が不十分だった」
と不満を述べることにあたります。
「このユーザーストーリーの定義が甘かった。二度と起こらないように次回はどうしようか？」
とも言えたはずなのですが。

守りの姿勢

　その次によく見かける毒のある振る舞いは守りの姿勢です。良いチームはこれを避けなければいけません。こうした姿勢は、しばしば非難に対する反応として始まります。前の例を続けるなら、プロダクトオーナーがこう返事をします。
「私のせいじゃないよ！　スプリントバックログを作るのは私じゃないし。というか、グルーミング※6もしたし、ついでにいえば、他のユーザーストーリーと同じくらい詳しく書いてるよ」
　他には、誰かがなにかを変える提案をするたびに、チームが守りに入ってしまう状況もあります。この例は、とても無邪気なアドバイスから始まります。

チーム　：「あなたの経験上、他のチームは私たちがやってきたこと以外に、どんなことをしていますか？」または「他の会社はどうやってスクラムを適用していますか？」

※6　バックログググルーミングは、プロダクトバックログの内容をプロダクトオーナーと開発チームが一緒に見直す定期的なミーティング。「グルーミング」には不適切なスラングとしての用法があるため、最新のスクラムの定義では「プロダクトバックログリファインメント」と呼ばれています。

コーチ　：「最近だと、1週間スプリントに関する強いトレンドがあって、多
　　　　　くの会社がその方向に進んでいますね」

チーム　：「でも、私たちは理由があってスプリントを2週間にしています。
　　　　　1週間にはできません。プロジェクトが複雑すぎるのです」

コーチ　：「次のスプリントで切り替える必要はないですが、スプリントを1
　　　　　週間にするとしたら、なにを変える必要がありそうか議論してみ
　　　　　て、それから決めてはどうでしょう？」

チーム　：「いや、始めたばっかりなので……ちなみに、2週間スプリントで
　　　　　いい結果がもう出ているんですよね」

壁を作る

　チームの毒の3つ目も、すごく一般的なものです。自分のアイデアを何度も
何度も繰り返してばかりで、他の人の言うことに耳を傾けません。

　スクラムチームに見られる典型的な例は、見積もりミーティングでチームが
合意と理解を得るための議論をしている際に、あるチームメンバーが

「私がやるなら、これは5だよ！」

と言い張るケースです。よくあることですよね？

　他には、意思決定を分割し、それについての議論を避けるという状況もあり
ます。

「私がやってるので、私のやり方でやるね。次にあなたがやるときは、自分の
やり方でやっていいよ」

　これは前の例より直接的ではありませんが、最後には同じ結果になります。
こうした方法で物事を進めると、チームとしてではなく、仕事のやり方がバラ
バラな個人の集まりとして働くことになります。

侮辱する

　ちょっとした皮肉も人生の一部です。それに問題があるわけではありません。たとえば、イギリス人のユーモアは世界的に有名です。しかし、ユーモアのつもりが、嫌みになる一線があります。これはチームが合意から遠く、スクラムマスターが協力を模索しているときには、深刻な問題に発展します。そうした際の

「うん、きみ全然わかってないね」

といったコメントは、状況をさらに険悪なものにするかもしれません。

　一般的に、他の人より良く見られようとする発言は、すべてこのカテゴリーに当てはまります。

スクラムマスターの役割

　スクラムマスターの役割は、4つの毒についてチームに教え、すぐ毒に気づけるようコーチングし、毒を用いないよう、互いに指摘し合えるようにすることです。チームの議論にいかに多くの毒が含まれているかに驚くことでしょう。そして、少し気をつけるようにするだけですごく効果があることにも驚くはずです。コミュニケーションが円滑になり、より素早く合意に達するようになります。暴風雨のような雰囲気はおだやかになり、全体的なモチベーションとオーナーシップが高まります。毒性の低い環境で働くチームはより楽しくなります。それこそがあなたが求めているものではないでしょうか？

Exercise

｜ エクササイズ：**チームの毒** ｜

チームに最もありそうな毒はどれでしょう？

- ☐ 非難する
- ☐ 守りの姿勢
- ☐ 壁を作る
- ☐ 侮辱する

どんな状況で、こうした毒に直面しますか？

....　書いてみよう！

....

....

責任に目を向ける

・・・

Focus on Responsibility

　アジャイルなマインドセットやスクラムの文化で最も重要な部分の1つは、責任です。誰もが責任を口にしますが、あらゆる状況で100％責任を取る人は

多くありません。クリストファー・エイブリー［14］はどのように責任が機能するのかを説明する、大変すばらしい責任モデルを作成しました。長い年月の進化の中で、人間の脳は意思決定を迅速に行えるよう訓練されました。小さいとしても問題が起きると、私たちの脳は解決の選択肢を提示します。たとえば、地下の駐車場で車を停めようとしたとき、誤って隣の車を傷つけたとしましょう。

否 認

　脳が最初に提示する解決策は否認です。

「こんなのうそだ。こすってなんかいない、ちょっと車が汚れているだけだ。音がした？　ただ砂をかんでいるだけさ」

　スクラムチームにおいては、コードがたとえ壊れていたとしても、動いているふりをすることがあります。

「ちゃんと動きますよ。コーディングされてますから」

責任転嫁

　否認がうまくいかないとき、脳はすぐ次の解決策として責任転嫁を提案するでしょう。

「これは彼のせいだ！　彼が真っすぐに駐車していたら、こんなことは起こらなかったはずなのに」

　スクラムの環境においては、プロダクトオーナーが間違ったことを説明したために、やり玉に挙がることがあるでしょう。また、他のチームメンバーのせいかもしれません。

「コードは正しく書かれています。だからうまく動かないのは彼のせいです」

正当化

　まだ幸せになれない？　心配ありません、脳は別の解決策を提案します。そ
れは正当化することです。
「よくあることさ。誰でも時々車を傷つけるよね？　ここの駐車スペースはと
ても狭いし」

　スクラムチームは、旅のはじめ、スプリントの計画ができないことや、期待
されたスプリントの結果を達成できなかった理由を説明するときに、この言い
訳をよく使います。
「スプリント中はなにが起こるかわからないので、なにも保証できません。ソフ
トウェア開発では、技術的な問題によく遭遇しますよね？　そんなものですよ」

回 避

　まだ納得できない場合は、自分のせいだと思ってしまいます。
「これは全部自分のせいだ。もうこんな狭い場所には駐車したくないよ」

　スクラムチームは、職能横断性がないことに対し不満を言うことがあるで

しょう。

「製品のその部分には十分な経験がありません。難しすぎます。それを学ぶのには何年もかかります」

　彼らは気づいていませんが、実際には「自分たちは力不足だ」と言っているも同然です。専門家に頼むのが普通であると主張して、力不足を隠そうとします。

義 務

　次はなんでしょう？　自分に義務があるかのように処理します。

「ワイパーの後ろに名刺を置きました。修理は私の義務です。保険でカバーします」

　この段階で思い出すのは、やらなければいけないから、という理由だけでスクラムをやっているチームです。誰かに言われてミーティングをしているだけなので、理解はしていません。

「スタンドアップミーティングはしています。スクラムだから、やんなきゃいけないし。だって、スクラムミーティングの1つなんでしょ？」

放 棄

　放棄はいつでもできます。

「解決するつもりはない。私にとってはどうでもいいこと」

　誰もあなたに責任を押しつけているわけではありません。しかし、自分をだましてはいけません。これまでの段階はどれも本当の責任ではありませんし、これまでに述べた対応では、将来同じことが起こるのを防ぐ役には立ちません。

責任

自ら責任を取ると決めたとき、これが責任プロセスモデルの最終段階です。「将来、同じことが起こらないようにするために、次はなにができるだろうか？」という質問から始まります。この例では、公共交通機関を代わりに使う、よりスペースのある道に駐車する、駐車センサーを購入する、特定の運転講習へ参加する、その他ダンボールを使って練習する、などから始めることになるでしょう。

スクラムチームであれば、本当の責任とは、たとえばバグが報告されたとき、修正するだけでなく、再発を防ぐために次回はどこを変えてみるかを議論することです。障害物についても、未熟なチームは誰かがそれを取り除いてく

れることを期待しますが、良いチームはそれを引き受けて解決し、改善方法を考え出します。

部族としての組織

・・・

Organization as a Tribe

　チームビルディング理論についての興味深いもう 1 つのコンセプトは、『トライブ ― 人を動かす 5 つの原則』［15］という本からきています。少し紹介すると、すべての組織は部族（Tribe）で構成されているという考え方です。部族とは、お互いを知っている人々のグループです。部族内の他のメンバーにどこかで出会ったら、お互いあいさつするような間柄です。部族は約 150 人まで

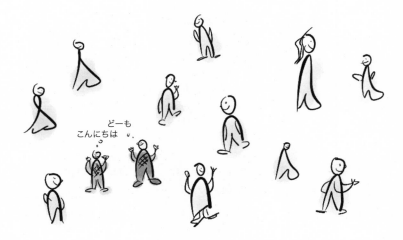

どーも
こんにちは

の大きさとされ、大企業は複数の部族のネットワークで構成されていると考えられます。

それぞれの部族にはそれぞれの文化がありますが、すべての組織には支配的な部族文化があり、それによって分類することができます。そうした文化は結果的に人々の行動や態度を形成します。

他のモデルにおける各段階と同じく、各ステージを飛ばして次に進むことはできません。さらに、部族のリーダーシップの開発において人々をサポートするためには、ステージごとに異なるリーダーシップのスタイルが必要です。大事なことを言い忘れていましたが、部族がストレスを受けたとき、一時的に1つ下のステージに引きずられることはよくあることです。どんな変化もそれなりに強いストレスをもたらすため、アジャイルへの移行がそうした一時的な後退を引き起こすことは珍しくありません。

ステージ1 ── 人生は最低だ

部族リーダーシップの1つ目の段階は、アジャイルではほとんど見られませんし、IT業界全体でもあまり見られません。それはストリートギャングや刑務所で見られるものです。この文化は全世界の企業の約2%で見られます。

「人生は最低だ」の文化とは、すべての希望を失った人の文化です。自分は孤独で、他の人がそれを理解することはありません。人生そのものが最低なのです。

ステージ2 —— 自分の人生は最低だ

すごい！「"自分の"人生は最低だ」だなんて、なんという進歩でしょう。こうした部族の人はたくさん不満を言います。どんな責任も取りたがりません。受け身で、周りと断絶し、関係を持たず、斜に構えています。いろんな不満が聞こえてきます。
「私の人生は最低だ。プロダクトはゴミ、上司はバカ、職場まで2時間かかる、コーヒーはまずい」

このような部族が世界の25%の企業を支配します。

アジャイルの環境では、移行の初期の段階でこのステージに陥ることがよくあります。「Scrum-but（スクラムバット）[7]※7」な文化でよく見られるものです。
「スクラムをやらなきゃいけないなんて、私の人生は最低だ」

人々がこの沼から抜け出すのを手伝うには、勇気づけ、自信を高め、成功させることです。そうすることで、より前向きな視点を得るための勇気が持てる

※7 Scrum-but（スクラムバット）とは、スクラムを一部取り入れてはいるものの、やっていない部分やうまくできていないところがあることを言います。「スクラムをやっているけど、……（We do Scrum, but ….)」という言い訳をするところから。

ようになります。個人的な成功を経験した人だけが、次の部族のステージへの準備が整います。

次のステージへのステップ
Step Toward The Next Stage

- 一人一人を励まし、自分ならできると信じられるようにします。そして活躍のチャンスを用意します。
- より多くの責任を与え、オーナーシップを持つよう促します。
- 素早い成功を生み出し、自信を高めます。

ステージ3——
自分はすばらしい（でも、あなたは違う）

これは典型的な世界観です。特化した専門家がいて、ノウハウと情報を抱え込み、自分は絶対に必要だと信じている文化です。世界中の企業の49％を支

配しています。これは、居心地が良いものです。個人としては成功しているので、気分が良いです（一方で、他の人は違います）。そしていま、私たちはこの個人主義の崇拝を壊し、チームの自己組織化と責任を築こうとしています。どうやって実現しましょう？

ただし、私たちが壊そうとしているこのステージも、「自分の人生は最低だ」の文化からやってくる人々への中間ステップとして必要であることを忘れてはいけません。自分のスキルと能力に自信のある人だけが、すばらしいチームを作れるのです。いずれチームとしてこのステージを乗り越えるために、まず一人一人が自身の成功体験を持つ必要があります。

このステージでは人々が、個人的な成果や肩書が重要だと思っていて、
「私は他の人よりよくがんばっている」
「私はこの仕事が得意だし、他の人より努力しているし、スキルも1番」
という感覚を持っています。シニアスクラムマスターといった役職はこの環境で生まれ、ステージ2のチームを部下に持つマネージャーはだいたいこのレベルにいます。

ステージ3にいるスクラムマスターは、チームを過小評価しています。
「私は偉大なスクラムマスターですが、私のチームはそれほど良くありません。モチベーションが低く、怠慢です。私と同じぐらい一生懸命働くとは考えられません」
言うまでもなく、このような人は偉大なスクラムマスターではありません。また、チームでよくある問題はこうです。
「彼ら（他のチームメンバー）は上司への報告の必要性をわかってないので、報告は私が全部やらないといけません。彼らが学ぶのを待っていたら何年かかることか」

 次のステージへのステップ
Step Toward The Next Stage

* チームに成功を体験させましょう。彼らが個人的にうまくいっていることを認識したなら、次のステージに進む準備が整っています。

ステージ4 ── 自分たちはすばらしい

　ついに、このステージでは「私たちはすごい」が部族の合言葉です。世界中の企業のうち、22％がこの部族によって支配されていて、とてもポジティブな環境です。オーナーシップ、責任、協力の文化です。

　このような環境の人々は通常、その会社で働いていることを誇りに思っていて、喜んで友人にも勧めます。また、自分たちのプロダクトの価値を信じ、1つの目標を持っていて、他者との競争にはそれほど関心がありません。

　アジャイルを採用して、ただの同僚の集まりではなくスクラムで定義されているような本物のチームになると、このステージにいることに気づくでしょう。チームは自己中心的ではなくなり、外に目を向け始めます。

「私たちはすごい、しかも私たちの文化の一端を他の人たちに共有する準備ができています」

　彼らは手助けと経験を提供する一方で、同時に新しい学習を待ちわびています。

　しかし、アジャイルやスクラムだけでは「自分たちはすばらしい」文化を育てる奇跡の魔法にはなりません。まず、個人として活躍するための十分な場を与え、十分に評価しなければ、チームは真にアジャイルの文化になる準備ができていない可能性が高く、スクラムは失敗してしまいます。覚えておいてください。これまでのステージを飛ばしてこのステージに来ることはできないのです。それはうまくいきません。

覚 え て お こ う　　　　　Remember

- 個人の評価よりもチームの成功のほうが重要です。
- 一般的に、周囲と競う気持ちはだいぶ弱まります。
- 私たちはすごくて、他の人々をさらに偉大にする手助けもできます。

ステージ5 ── 人生はすばらしい

　部族のリーダーシップモデルの最後のステージはこれまでの続きです。競争心は弱まっていきます。このグループは歴史を作りかけています。

「私たちは競争相手と戦争しているわけじゃない。私たちはガンと戦っているんだ」

　これは『トライブ ── 人を動かす5つの原則』[15]の執筆にあたって行われたインタビューの回答の1つでした。世界中の企業のうち、わずか2%がこのステージによって支配されています。そして前世紀におけるマネジメントの典型パターンを打ち破りつつあります。そこまで達するには、ちょっとクレイジーなくらいの発想の転換が必要です。アジャイルコーチの中にはこのレベルで仕事をしている人もいます。彼らは「企業における働き方そのものを変えている」ため、他のアジャイルコーチを競合とはみなしません。私たちは皆、業界全体、さらには世界全体をもっとアジャイルにしようとしているのに、どうしてお互いを敵と見る必要があるのでしょう？　それよりもお互いが協力し合えば、市場は成長し、今後も私たち全員にとって十分な仕事が生まれるでしょう。実際のところは、この意見にアジャイルの人が全員賛成しているわけではありませんが、個人的に賛成している人も十分にいるため、1つの例として紹介しました。

Exercise

| エクササイズ：部族のリーダーシップのステージ |

あなたの組織にはどの部族がいますか？　どれが支配的ですか？

- [ ] 人生は最低だ。
- [ ] 自分の人生は最低だ。
- [ ] 自分はすばらしい（でも、あなたは違う）。
- [ ] 自分たちはすばらしい。
- [ ] 人生はすばらしい。

人々が次のステージに移行するために、どんな手助けができるでしょうか？

.... 書いてみよう！

....

....

正しいリーダーシップの スタイルを選ぼう
・・・
Choose the Right Leadership Style

企業全体レベルで使える有用なコンセプトの1つが、L・デビッド・マルケ

の著書『米海軍で屈指の潜水艦艦長による「最強組織」の作り方』[16] で紹介されています。デビッドは米国海軍の潜水艦の艦長であり、新しいリーダーシップのアプローチを適用しました。自分の会社ではうまくいくはずがないとあきらめる前に、頭の片隅に置いておいてください。

リーダー＝フォロワー

　企業における伝統的なマネジメントは、いわゆるリーダー＝フォロワーモデルに基づいています。マネージャー（リーダー）とは、労働者に命令を与える最も知識のある人であり、計画、リソース割り当て、組織全体の責任を負います。20世紀の企業にはこのモデルしかありませんでした。これがうまく機能した環境もあります。しかし、ビジネスがより創造的で予測不可能になるにつれて、このリーダーシップ・スタイルは使い勝手も効率も悪くなってきました。

リーダー = リーダー

その反対のアプローチがリーダー＝リーダーモデルで、人々はほとんどの問題を自分たちで解決できると考えています。多数の指示を出すことはしません。代わりに、解決策を考え出し、会社を運営する責任を自分たちで果たすよう促します。ただし、マネージャーは必要ないと言っているわけではありません。マネジメントのスタイルを変えることを提案しているのです。

リーダー ＝ リーダー

このコンセプトをスクラムマスターの観点から見ると、まさにスクラムマスターそれぞれが取り組むべきことです。リーダー＝リーダーモデルを実践し、フォロワーではなく、組織のリーダーを育成して増やしましょう。

覚 え て お こ う　　　　　　Remember

- イノベーティブな環境では、意思決定プロセスに人々を巻き込む必要があります。
- リーダー＝リーダーモデルを組織全体で推し進めます。

分散化のテクニックを使う
・・・
Use Decentralization

　うまくいっている自己組織化されたチームは、分散化のテクニックを使いこなしています。伝統的なプロセス重視の中央集権型階層構造とは対照的に、現代の組織は、さまざまな分散化テクニックの利点を最大限利用します。たとえば、チームを巻き込むために、プロセスを作ったり、オーナーシップを強化したり、創造性を支援したりします。効率的な議論を促したり、アイデアを共有したりするために、発散－集約のテクニックがよく使われます。

　ここでは、分散化のテクニックを紹介していきます。

読 書 会

　同僚と互いに学び合った時間は、これまでにどのぐらいありますか？　読書会をやってみてください。一緒に本を読んだり、ビデオを観たりして、興味があることや学んだことについて話し合ってみましょう。これはグループアクティビティであり、各個人による本や映画のプレゼン大会ではありません。

旅 人 た ち

　チームは可能な限り安定し、固定されている必要があります。しかし、時々組織を自由に移動してチームを手助けする旅人が必要になることがあります。ノウハウを共有したり、新しい視点をもたらしたり、現状を分析したりするのにとても役立ちます。

レ ビ ュ ー バ ザ ー ル

　スプリントレビューの代わりに、レビューバザール［17］※8を企画するのも良いでしょう。チームは結果についてプレゼンし、その間、別のメンバーは歩き回って他のチームのプレゼンに参加します。スプリントレビューより手早くて、ずっと楽しめます。

※8　バザール（市場）のように、異なるチームが同時に成果物を見せ、誰でも参加できるスプリントレビュー方法の１つ。
　　 参考 https://agile-scrum.com/2016/12/02/review-bazaar/

実験ボード

　実験を行い、会社の全員から見えるようにします。目標、想定、結果を共有します。物理的な実験ボードを作り、それを見て刺激を受け、創造的なアイデアを試せるようにします。

オープンスペース

　オープンスペースの形式は、アンカンファレンスだけのものではありません。社内でも同様に恩恵を受けることができます。アジャイルな会社は、毎月または四半期ごとにオープンスペースを定期的に開催しています。
　会社がこのような事前に明確なアジェンダがないオープンな形式のイベントに前向きに時間を割けるようになると、本当の意味でアジャイルです。

進め方
How To

- 参加者が自らアジェンダを考えるマーケットプレイスから始めます。
- 続いて自由に並行で議論をします。興味がなくなったら、別のグループに自由に移動してかまいません。
- 最後にセッション全体を1つにまとめます。
- 開催する前に、各自でオープンスペースのルールをチェックします［18］［19］。

ワールドカフェ

　もう1つの一般的な分散型ワークショップの形式が、ワールドカフェ形式です[20]。企業の中でより多くの人を巻き込んで、議論してもらったり、自己組織化したりするために、よく利用されます。

進め方
How To

- テーマを紹介し、1分間、それについて集中して考えてもらいます。
- はじめの質問を提示し、グループでディスカッションします。
- 各テーブルの1人が残り、新しいメンバーにディスカッションの結果を共有します。他の人はそれぞれ別のグループに合流します。
- 前と少し異なる質問で、直前の2ステップを3回繰り返します。
- グループごとにまとめをプレゼンします。

CHAPTER

6

変化を実装する
...
Implementing Change

　どんな変化も困難を伴います。変化は抵抗、恐怖、不確実性をもたらします。
「私は、新しい環境でもうまくやれるだろうか？　新しい働き方にスムーズに
なじめるだろうか？　好きになれるかな？」

　偉大なスクラムマスターはこうした要素を把握し、変化にさらされる人々の
ために安全な環境を作り、変化の境界を越えるために手を差し伸べます。

変化を求めて
...
Go for a Change

　働き方を変える前に、どうして変わりたいのか、明確にしておくと良いでしょう。「新しいからやるのだ」という理由は十分ではありません。現在のボトルネックはなにで、強みはなにで、期待しているものはなんでしょうか？期待がそれほど高くないなら、まだ変化する準備ができていない可能性があります。一歩踏み出してアジャイルを始める前に、「新聞に書いてあった」以上の正当な理由が必要です。アジャイルの車輪は、変化のタイミングや理由が正しいか、判断するのに役立つエクササイズです。

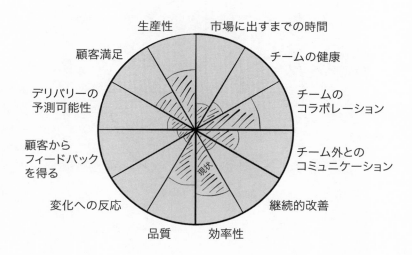

　この車輪は、アジャイルを適用する理由のうち最も重要なもので構成されています。グループまたは個人で、評価ツールとして使うことができます。会社、部門、チームで、より幅広い議論を始めるのに最適です。数値は合意しなくてもかまいません。それよりも、会話のきっかけにしたり、異なる視点を視覚化するためのものです。

　どうやって使うのでしょうか？　まずは、現実を認識します。それぞれの領域についてどう感じますか？　円の中央は「いまいち：😕」、端（エッジ）は「すばらしい：😄」という意味です。

　自分の現状が決まったら、それを別の視点から見て、「半年後にはどこにいたいか」という自分の期待値を評価してみましょう。次の例を見てください。

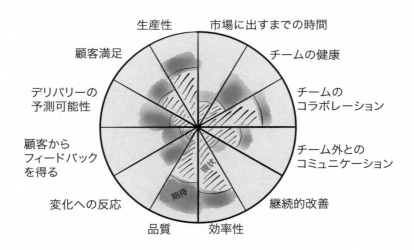

Exercise

| エクササイズ：アジャイルの車輪 |

　それぞれのカテゴリーで現状および変化への期待を評価し、あなた自身と周囲の状況を表すアジャイルの車輪を作成しましょう。

▶考えよう

- 各チームメンバーの車輪はどのくらい似ていますか？　どのくらい違いますか？
- なぜそうなるのかを理解し、話し合ってください。
- 話し合いに基づいて、次に実行するアクションを議論します。

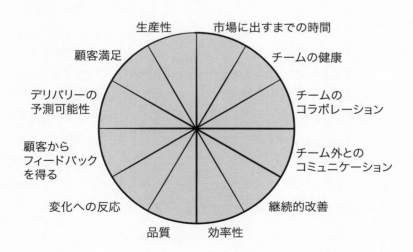

行 動 を 変 え る
• • •
Change Behavior

　アジャイルとスクラムの実装は、大きな変化を意味します。そしてスクラム
マスターは、その変化を乗り越えるための組織のガイド役を務めるべきです。
スクラムマスターが変化を理解するために、特に重要な概念を2つ紹介しま
す。1つ目はORSCフレームワーク［4］※1をもとにした概念で、変化をエッジ
として説明しています。
「エッジとは、*既知と未知の境界線です。自分自身について知っているこ
との限界です。新たな行動、アイデア、視点を試すときはいつでも、エッジ
を越えています。チームと個人が成長し、変化する限り、常に新天地と探
索すべきエッジがあります。*」［21］

　あらゆる変化は、途中で乗り越える小さなエッジの集まりとして構成されて
います。スクラムマスターの役割は、そこにあるエッジを理解し、個人、チー
ム、組織がエッジを乗り越える手助けをすることです。そして人や組織によっ
て、克服すべき困難はさまざまです。

　このことを踏まえると、スクラムマスターの心理状態モデル※2のうち、最も
適したアプローチはコーチングになります。スクラムマスターは上手なガイド

※1　第3章を参照。

※2　第2章を参照。

役として、人々がエッジを乗り越える準備ができたら、いつでも手を差し伸べ、力の限り助けるべきです。ただし、押しつけないようにしましょう。

変化を成功させる ための8つのステップ
・・・
Eight Steps for Successful Change

　チェンジマネジメントに関する2つ目の重要な概念は、8つのステップで変化を成功に導くプロセス［22］として表現されるものです。8つのステップについてはこのあと説明しますが、大まかにいうと次のような手順です。まず、変化する領域を定めます。次に、なにをすべきかを決め、それを実現します。そして最後に、変化を定着させます。

危機意識を持つ

　変化を起こす最初のステップは、まず危機意識を持つことです。変化を必然にしましょう。なぜなら、人は現在のプロセスに痛みを感じるまで、改善の必要性を見いだせないからです。望まれる変化が、たとえばアジャイルへの移行のように巨大なものでも、CVSからGitへの移行※3のような小さなものでも関係ありません。正当な動機と理由がなければ、変化は起きません。機会と脅威のいずれを提示する場合でも、正直で透明性のあるものにしましょう。そうでなければ、他の人の信頼を失うかもしれません。

チームをガイドする

　たった1人で誰かを変えるのは難しいものです。アーリーアダプターに焦点を当て、チームの一員になってもらうように働きかけるべきです。情熱的な人や、コミュニケーション能力に長けた人や、リーダーになれる人たちが必要です。グループを多様性のあるものにしましょう。広範な人々を巻き込みたいなら、組織構造にとらわれるべきではありません。一般的には、3人いれば、他

※3　CVS（Concurrent Versions System）は以前幅広く使われていた変更管理ソフトウェア。Git
　　　は現在最も広く使われている変更管理ソフトウェア。

の人を巻き込み、雪だるま効果を生み出すことが可能です。

変化のビジョン

　変化のビジョンとその戦略を練ることは、変化のプロセスにおける、もう1つの重要な要素です。できそうなアイデアは何千何百とありますが、人々が理解できるよう、その変化について明確かつシンプルに説明しなければなりません。変化を推進するチームのメンバー全員が5分以内に説明できるようにしましょう。

　達成したい本当の目標を考えましょう。アジャイルは目標ではなく、目標達成に向けた戦略にすぎません。本当の目標は、よりフレキシブルになることや、品質を向上させることや、顧客満足を改善することではないでしょうか。

理解と了承

そしてここからが困難な部分です。あなたのビジョンがどれほどすばらしく、あなたがどれだけ信じていようが、他の誰かに売り込んでいかなければなりません。人々はさまざまな不安を抱えています。置かれている状況が違うし、やり方を変えることの影響もさまざまです。そのため、優れた傾聴のスキル、状況把握力、人々の情熱を引き出す能力が必要です。また、新しいアイデアを受け入れるのに時間がかかる人もいるので、忍耐も必要です。ビジョンを何度も繰り返し話すことに不満を募らせないでください。たとえ小さな変化に関する情報でも、納得するには時間がかかります。

人々の行動を促す

チェンジマネジメントのこの部分は、スクラムマスターがやることに、とても近いです。人々の行動を促すために、障害物を取り除かなければなりません。そうすれば、もっとスムーズに変化できます。ここでは自己組織化したチームを作る能力が、非常に役立ちます。

　人々の変化を阻害しているものを取り除くだけでなく、変化に向けて行動してきた人々への感謝と称賛も忘れないようにしましょう。

短 期 の 成 功

　成功を頻繁にアピールします。長期的ビジョンや野心的なゴールを持つことはすばらしいことです。でも、目標に向かう途中で成功を祝うマイルストーンも必要です。シンプルなマイルストーンにすれば、より早いタイミングで成功を祝うことができ、ポジティブな雰囲気になるでしょう。たとえば、
「やりがいのある難しい課題ですし、時には疲れることもありますが、やり遂げるつもりです」
といった声が聞こえるようになります。

　戦略をふりかえり、適応させる必要があります。なぜなら、前もって詳細に変化を計画することはできないからです。いま「この瞬間を大事に」しましょう。失敗を隠さないでください。失敗を隠そうとすれば、良からぬうわさが立つリスクが高まり、変化に向かい積み重ねてきた努力を台無しにしてしまうかもしれません。

気をゆるめない

　まだ人々が望ましい状態に到達していないのに、あまりに早く「完了した」と認識してしまったために、変化が失敗に終わることがあります。そして、まだ新しい状態が定着していないので、遅かれ早かれ以前の習慣に戻ってしまいます。

　そうした早めの成功宣言は良いモチベーションになりますが、長期的には全体的な変化を壊してしまいがちです。
「さあ、いまから私たちはアジャイルです」
と宣言すれば、チームからは皮肉な反応が返ってきます。
「私たちはもうアジャイルになったので、これ以上、変化する必要はありません」

　しかるべき段階を越えたなら、もう変化する必要も、努力する必要もなくなるということでしょうか？　そんなことはありません。完璧さとは状態ではなく、旅なのです。ですから、完了するということもありません。変化が止まることはありません。目標が伸びることや、適応して変わることはありますが、決して終わりはないのです。

新しい文化を創る

　最後のステップは変化を定着させることです。新しい働き方を組織の文化にとって不可欠なものにします。これこそが私たちのやり方なのです。そこに議論の余地はありません。

　人々が徐々に新しい働き方を受け入れるにつれ、以前は決して耳にすることのなかったようなことが当たり前に話されるのを、聞くことになるでしょう。
「もう詳細な計画は必要ありません。計画づくりに参加したいし、フィードバックに基づいて計画を変えていきたいです」
「私たちはコードを書くためだけにここにいるのではありません。顧客を理解し、幸せにするために、本物の顧客フィードバックが必要です」

Special tips

偉大なスクラムマスターを目指すためのヒント
Hints for Great ScrumMasters

- チームのダイナミクスを理解します。個人の集まり、良いチーム、偉大なチームを区別します。

- チームの機能不全は、チームが危機に陥る前に直す必要があります。

- チームの毒は、チームの繁栄を阻害します。

- あらゆる変化は困難なものです。なにかを変える前には、正当な理由と高いモチベーションが必要です。

- 変化に抵抗はつきものです。押しつけすぎないでください。

- 偉大なスクラムマスターは、自分の周囲の人から新しいリーダーを生み出します。

CHAPTER

7

スクラムマスターの
道具箱

...

The ScrumMaster's Toolbox

　偉大なスクラムマスターは、日々の仕事の中で多くの道具を理解し、使いこなす必要があります。人はどのようにして達人になるのか、理解するところから始めましょう。

守破離をマスターする
···

Mastering Shu Ha Ri

　日本文化は示唆に富んでいます。アジャイルコミュニティが日本の武道から取り入れたものの1つが、守破離というコンセプトです[23]。

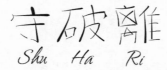

　守の段階では、型を繰り返し、自らを律して、先達が作った型を体に染み込ませます。型を逸脱することなく、忠実に守り続けます。続いて破の段階では、型と所作を身につけ、自らを律した上で、イノベーションを起こします。この過程で型が壊れて捨てられることもあります。最後に、離の段階では、完全に型から離れ、創造的な技術への扉を開き、法に触れない限り、自身の心の望むままに行動する境地にたどり着きます [24]。

Shu / 守

　守は1人の先生の指導に従って基礎を身につける、一番初めの段階です。稽古の段階で、一つ一つのプラクティスを何度も繰り返します。兵士が軍隊で体験するようなものです。すべてのプラクティスが、歩いたり息をしたりすることと同様に自然にできるまで続けます。プラクティスの適用前に、あれこれ考

える必要はありません。

　スクラムの実装における守の段階では、チームは個々のプラクティスの訓練に集中すべきです。たとえば、

「プランニングはどう行うべきか？」

「ユーザーストーリーはどう書くべきか？」

などです。

 ## やるべきこと
What To DO

- 個々のプラクティスを訓練する。
- 先生の勧めに従う。
- 書いてある通りにできるまで、あきらめない。
- 忍耐強く。体で覚えるには時間がかかります。

Ha / 破

　習得への第二段階は破と呼ばれています。すべてのプラクティスを学び、体に染み込ませているので、この段階では目的に向かって深掘りを始めます。その深い理解に基づいて、特定のやり方から離れて、複数の先生や指導者からの教えを組み合わせることができます。

　スクラムの実装における破の段階では、チームは、

「このプラクティスの背景にはなにがあるのか？」

「心理学的な観点から見てスクラムはどう機能するのか？」

「各部分はどう相互に作用しているのか？」

などの問いに答えることに注力する必要があります。

やるべきこと
What To DO

- 本来の意味と哲学は維持しつつも検査と適応を行い、独自の逸脱を生み出す。
- 目的を深く理解する。
- 実際の状況の中で、プラクティスやコンセプトやフレームワークがどのように支え合っているか、あるいは互いに矛盾しているかを考察する。

Ri / 離

　最後の段階では、他者から学ぶのではなく、自分自身の実践と経験から学んでいきます。守の段階で得たバックグラウンドと、破の段階で得た深い理解を基礎とします。やがて指導者となり、独自のコンセプトやプラクティスを生み出します。

　スクラムの実装における離の段階では、チームはソフトウェア開発以外の領域に、スクラムを適用することを考え始めます。たとえば、マーケティング、セールス、オペレーション、コールセンターの業務、さらには私生活にも。

やるべきこと
What To DO

- 自身の実践と経験から学ぶ。
- 新しいコンセプトを開発して共有し、他者に教える。

守 破 離 の 適 用

　守破離のコンセプトはスクラムマスターにとって特に重要です。チームがいまいるステージを把握し、アプローチを調整しなければならないからです。こんなことがよく起こります。

　あるチームは研修を受け、最初の数スプリントをこなしました。中には、チームにとって受け入れるのが簡単でないプラクティスもありました。スタンドアップミーティングなどです。そのため、回数を減らすか、全部やめようとしています。

　しかし、しっかりした基礎なしに、守・破を飛ばして離の段階にジャンプすることはできません。近道が達人を生むことはありません。いい気になって達人のふりをする人を生むだけです。

　守破離のそれぞれの段階を進むには時間がかかります。数年かかることも珍しくありません。辛抱しましょう。幼い頃に、歩くこと、走ること、自転車に乗ることといった、シンプルなことすら習得するのに時間がかかったことを、思い出してください。

Exercise

｜ エクササイズ：守破離 ｜

チームはいまどの状態にありますか？

☐ Shu / 守

☐ Ha / 破

☐ Ri / 離

理解したり実践したりするために、チームはなにを必要としていますか？

.... 書いてみよう！

....

....

システムルール
･･･
System Rule

すでに述べた通り※1、偉大なスクラムマスターはシステム全体のレベルで働

※1　第3章を参照。

かなければなりません。システムレベルにおける成功には、

「誰もが正しい、ただし部分的には。」 [25]

という言葉を肝に銘じることが大事です。このシンプルな宣言は、一つ一つの声に耳を傾ける価値があるということを気づかせてくれます。システム全体のレベルでは、誰かの肩を持ってはいけません。誰が正しくて、誰が間違っているのかを決めることはありません。誰かによって発せられたあらゆる声は、あなたに気づいてもらおうとする、システム全体からの単なるシグナルです。特に変化・移行の過程では、システム全体がイライラしたり、おびえたり、不快になったりすることがあります。それは一人一人にとっても同じです。スクラムマスターの役割は、システム全体をコーチして、再びバランスと安定を見つけられるようにすることです。

　偉大なスクラムマスターは、常にさまざまな種類のシグナルを検知しているため、まるで鏡のようにシステムに反映することができます。あなたが感じられることのほとんどがシグナルになります。不満や怒り、フラストレーションを感じている人、会議で黙っている人、責任を認めずにお互いを指さし合う人、問題が解決できない理由を探している人などです。こうしたシグナルの一つ一つに少しでも真実があると信じるなら、一つ一つシステムに反映することができます。

全員が正しい...
ただし部分的には

例　改善点

　想像してください。あなたはスクラムマスターとして新しいスクラムチーム
に参加したばかりです。チームメンバーはマネージャーに言われた通りにして
おけば良いと考えているように見え、実際に彼らに聞いてみたら、その通りで
した。

私たちは十分
うまくやっている

　しかし、システムは逆のことを示すシグナルを発しています。ミーティング
では本質的な議論がなく、レトロスペクティブでは深い理解を欠いており、そ
こからはなんの改善点も出てきません。文句を言うチームメンバーはいません
が、偉大なスクラムチームでもありません。

　このようなシナリオは実際よくあります。システムからのシグナル（この場
合は見せかけの調和や深い議論の欠如）に敏感に反応し、チームにフィード
バックすれば、チーム自身でなにが起きているのかを把握し、変えることがで
きます。

例　プロダクトオーナー

　もう1つの例は、スプリントレビューでプロダクトを見せたがらないチーム
です。

　あなたにはシステムからの声が聞こえるでしょう。
「開発の人はプレゼンが得意じゃないから」
「この機能を完成させると決めたのはプロダクトオーナー自身なのだから、彼
がプレゼンするべきだ」
などなど。チームメンバーに上手なプレゼンのやり方を教えたり、トゲのある
言い方でスクラムなんだからチームがプレゼンすべきだと言い放ってしまう前
に、システムレベルでできることはないか、システムが本当に伝えようとして
いることはなんなのか、考えましょう。

　チームはプレゼンが得意でないのかもしれませんし、プロダクトオーナーと
の関係が悪く、製品を信じられないのかもしれません。チームの主張は部分的
には正しくても、より大局的に見たらわかりません。そうした状況をシステム
全体に対して明らかにするだけで、チームとして調整できるようになります。

例　不満

　チームがアジャイルやスクラムへの移行の初期段階にある場合、職能横断を
理解し、適用することが最大の課題になります。

　想像してください。かなり風変わりな方法で不満を表現する人がいます。人

はストレスがかかるとそうなりがち、ですよね？　スタンドアップミーティングでこう言います。

「スプリントで私がする作業はありません。昨日もなにもしなかったし、今日もなにもしません。障害物もありません」

　あなたは彼に怒りを覚えるかもしれないし、チームメンバーは失笑するかもしれません。でも、システムから聞こえた唯一の声は、

「なにかがおかしい！　助けて！」

でした。怒りを抑え、代わりに関心を示せば、その声は単なる症状であり、原因はもっと根深いところにあるとわかります。今回の場合は、チームがそれぞれの専門分野に応じて作業をする個人の集まりで、バックログアイテムをほとんど理解せず、方向性を見失っているのかもしれません。彼らは、スクラムがどのようにうまくいくのか想像できていないと、これまで何千回も伝えようとしてきましたが、耳を傾ける人がいなかったのです。

　確かに彼らにも一理あります。スクラムは現在の彼らには向いていません。スクラムを機能させるためには、彼らの働き方を変えなければなりません。そ

して、それこそがスクラムマスターがやるべきことなのです。それらのシグナルを理解し、それを修正できるのは自分たちだけだとシステムに気づかせる手助けをするのです。彼らがなにをすべきかだけでなく、なぜそれをすべきかを説明し、変化のプロセス全体を通して彼らを導くことになります。

ポジティブさ
・・・
Positivity

　ポジティブさは、あらゆる成功したシステムや個人にとって重要な側面です。それはビジネスでもプライベートでも有効です。ジョン・ゴットマン[2]は、ポジティブさが占める比率と、結婚生活・夫婦関係の安定性との相関について、とても精度の高い実験を行いました。その後マーシャル・ロサダ[3]が、同じポジティブ・ネガティブ比率を使って、ビジネスチームで実験しました。それらの結果は驚くほど一貫していました。

　すべての優れたシステムには、1つのネガティブイベントに対して約3〜5つのポジティブイベントが含まれるべきです。もしあなたがスクラムマスターとしてポジティブさを高く保っているのならば、それは目標達成に向かっているということです。

[2]　夫婦関係や結婚生活の安定性の研究で知られる、ワシントン大学の心理学者。
[3]　ハイパフォーマンスなチームの研究で知られる、心理学者・コンサルタント。

ポジティブ・ウォール[※4]

- ヒューマンシステムにネガティブさの3〜5倍のポジティブさがあるとき、繁栄する可能性が有意に高くなります［26］。
- 3.0から6.0の比率[※5]が、ハイパフォーマンスと高い相関があることがわかっています［27］。
- ネガティブイベントの5倍のポジティブイベントを持つチームは、成功する可能性が有意に高くなります［28］。

ポジティブさを高める方法

ポジティブさを高める簡単な方法がいくつかあります。

- レトロスペクティブを使ってポジティブさを高めましょう。問題ばかりを話すのはやめましょう。ほとんどの時間を、良かったことや、この先続けたいこと、もっとやりたいことに費やします。プラスアンドデルタ[※6]を繰

※4　付箋などでポジティブな出来事を見える化します。

※5　ポジティブ・ネガティブ比率。

※6　プラスアンドデルタは一般的なふりかえりの手法。プラス（+）が良かったこと、デルタ（Δ）は変更すべき点、改善のアイデア［44］。https://www.innovationgames.com/plusdelta/

り返すよりも、一緒に船を描くワークショップとか、もっと創造的なもの
を考えましょう。私のお気に入りは、伝統的なプラス（＋）形式の代わり
に、「前のスプリントでチームを笑顔にしたものはなんだった？」と聞い
てみるレトロスペクティブです。

- 問題の明るい側面を見ましょう。同じコップの水でも、まだ半分残ってい
  るとも、もう半分なくなっているとも言えます。あなたのチームに起きる
  出来事にも、同じことが言えます。

- ポジティブな出来事を見える化し、成功を祝いましょう。「ポジティブ・
  ウォール」を作りましょう。どんなお祝いのチャンスも見逃さないで。私
  のチームのメンバーは、デモに時々ケーキを持ってきました。お祝いのた
  めに仕事のあとに飲みに出かけることもありました。

- パニックにならないで。たとえ状況は厳しくても、ポジティブさと笑顔を
  増やしましょう☺。

ファシリテーション

・・・
Facilitation

　ファシリテーションは、すべてのスクラムマスターのコアプラクティスで
す。それでは、より良いファシリテーターになる方法を見てみましょう。ま
ず、ファシリテーションとは、議論の枠組みと流れを定義することを意味しま
す。議論の内容のことではありません。コミュニケーションを促進するための
構造化されたプロセスですが、どのような状況でも同じ計画に従う厳格なプロ

セスではありません。優れたファシリテーターは柔軟で、アジェンダを変更する準備ができている必要があります。

　すばらしいファシリテーターの態度や振る舞いとはどのようなものでしょうか？　聞き上手で、全員の声を聞き、ポジティブさを高め、柔軟性があり、直感を使いますが、1つのアイデアに執着しすぎません。ファシリテーターは場の熱量を把握し、それに応じてフォーマットを調整する必要があります。準備も必要ですが、柔軟であり、決まり切った構成や計画にこだわるべきではありません。

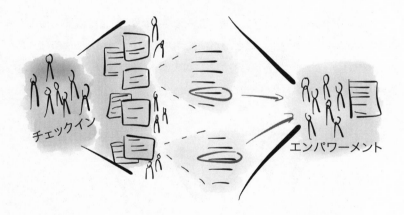

やるべきこと
What To DO

- ファシリテーターは、内容ではなく議論の枠組みに責任を持ちます。
- 開始前に各会議の明確な目的と成果物を定めます。
- 会議の目的とアウトカムを参加者と一緒にレビューします。

- 会議の開始と終了の際に、チェックインアクティビティ[7]を行います。
- パーキングロット[8]について説明し、使っていきます。
- 自分の計画に必要以上に執着しません。もしその計画がうまくいかないなら、状況やチームのニーズに合わせて変えます。
- 人々の理解を深め、さまざまな意見を得るために、議論の幅を広げたり、狭めたりします。

会議の前に

　あらゆる会議の前に、ファシリテーターは会議に明確な目的があることを確認する必要があります。なぜ会議が開催されたのか、です。SMART（具体的、測定可能、達成可能かつ合意済み、現実的、時間制限あり）[9]にします。会議に目的がない場合は、開催しないでください。

※7 ファシリテーション手法の1つ。会議の開始・終了時に、参加者一人一人の状態や気持ちを共有することでスムーズに会議を始めたり、終えられるようにします。たとえば、開始時では「今日の会議への期待」などを一人一人発言します。

※8 ファシリテーション手法の1つ。話し合いの最中に現在のテーマからはずれたもの、今は不要なものがあれば、いったんパーキングロットに移動します。こうすることで話し合いの混乱状態が緩和されます。

※9 SMART（Specific：具体的、Measurable：測定可能、Achievable：達成可能、Agreed：合意済み、Realistic：現実的、Timed：時間制限あり）。

　それができたら、会議を成功させるためにどのような成果物を作成すべきかを考えてください。成果物には次の3種類があります。

- <u>頭</u>：**学べることのすべて。たとえばスキル、アイデア、状況把握など**
- <u>心</u>：**自ら取り組む姿勢、信念、エンゲージメント、意気込み**
- <u>手</u>：**具体的なアウトプットを作成する。アクションプラン、タイムライン、リストなど**

　最後に、誰が参加する必要があるか、いつどこで会議を開催するか、どのように会議をファシリテーションするかを考えます。

会 議 中

　会議のはじめの数分間は極めて重要で、ファシリテーターは力強いスタートを切る必要があります。熱量や参加意識についても考慮に入れておきます。参加者が確認できるよう、会議の目的、期待される成果物、議題を、常に共有しておきます。各自にとってこの会議はどういう意味があるのか、考えてもらうのです。

ミーティング中、ファシリテーターはさまざまなツールを使います。たとえば、ブレーンストーミング、リストアップとグループ分け、優先順位付け、ペア作業やグループ作業などを活用して、議論の場を広げたり、狭めたりします。そして、期待する成果とともにミーティングを締めくくります。

会議の終わりには、まとめを忘れないようにしましょう。参加者がどのように目的に取り組んだのかを確認し、今後のアクションアイテム（すべきこと）をまとめます。

例　レトロスペクティブ

次の例は、よくあるスクラムミーティングをファシリテーションするための準備シートです。この例は、前述したファシリテーション術を適用したものです。レトロスペクティブをファシリテーションする方法は、チーム、状況、およびその他の要因によって異なる場合があります。

▶ミーティングの前に
- **目的：**
  - ○プロセスの継続的改善
- **成果物：**
  - ○現状の理解
  - ○積極的関与と責任を引き受ける意思
  - ○次のスプリント中に完了させるべき明確なアクションアイテム
- **誰が：**
  - ○開発チームとプロダクトオーナー

- **いつ：**
  ○スプリントの終わりに
- **期間：**
  ○1時間

▶ミーティング中

1. チェックインアクティビティでレトロスペクティブを開始し、参加者を積極的に関わらせ、創造性を発揮させます。たとえば、天気予報のチェックインです。 **[1分]**
「気持ちを天気でたとえると、どんな天気になりますか？」［1分］

2. ミーティングのフォーマットを説明し、目的と成果物を確認します。ミーティングに含まれていない追加アイデアのためのパーキングロットを作成します。 **[2分]**

3. 議論を広げます。話し合う題材をチームに出してもらいます。付箋に題材を書き出して、＋やΔを書き込んだり、星型のシールを使って投票したりできます。 **[5分]**

4. 似たような題材の付箋をグループ化してラベルを付けるようチームに依頼して、議論の幅を狭めます。 **[3分]**

5. ドット投票※10を使用して優先順位付けを行います。 **[1分]**

※10 複数のアイデアから、どれを優先するか決める際に、付箋にドットシールを貼って投票をする方法。

6. 最も重要な領域については、選択肢を増やし、議論の幅を広げます。根本原因分析やブレーンストーミングを使って、新しいアイデアを出します。

7. 議論の幅を狭めて、次のスプリントでのアクションアイテムを、いくつかチームで選んでもらいます。

8. 所定の時間を使い切るまで、直前の2つの手順を繰り返します。

9. 今後のアクションアイテムを確認して、セッションを終了します。

　一言で会議を終了するチェックインアクティビティを実行します。たとえば、「このレトロスペクティブであなたが得たものを一言で表現してください」など。

コーチング
・・・
Coaching

　コーチングは、すべてのスクラムマスターにとって最も重要なスキルの1つです。コーチングとは、自己認識と自己実現を呼び起こすことです。創造的な解決策を考え出し、自分自身を成長させる目標を決める際に役立ちます。メンタリングとは異なり、コーチングは経験を共有したり、教えたり、助言したりすることではありません。

人の潜在能力を解き放ち、パフォーマンスを最大化します。教えるのではなく、学びを手助けします［29］。

コーチングとは、創造的で示唆に富んだプロセスを通じてクライアントとパートナーになることです。人間的にも、業務上の能力としても、相手の可能性を最大限に引き出します［30］。

コーチングは個人に限らず、チーム、グループ、組織にも適用できます。チームまたは組織レベルでコーチングを行う間、コーチは関係性システムの知性（RSI）により深く注目します。
「*感情的知性（自分との関係）や社会的知性（他者との関係）を超えるところに、関係性システムの知性の領域があります。焦点はグループ、チーム、またはシステムとの関係に移ります。*」［4］ ※11

このコーチングモデルは、スクラムマスターが組織の成長を支援するのに特に役立ちます。

※11 ORSC（Organization & Relationship Systems Coaching）では、感情的知性（EQ）は個人の感情を経験する力、特定する力、上手に表現する力。社会的知性（SI）は他者の感情を正確に読み、共感する力。関係性システムの知性（RSI）は、感情的知性・社会的知性を基礎とし、より大きな枠組みに焦点を広げたもの。https://crrglobaljapan.com/glossary/

どうやったらコーチになれるのでしょう？　傾聴のスキルに注目しましょう。アドバイスを与えるのではなく、人々が自分自身の解決策を考え出す手助けをします。コーチとして、あまり関与しすぎてはいけません。あなたがコーチしているチームは、独自の解決策を生み出すべきです。あなたが唯一できることは、鏡を調整して気づきを与え、新しい視点を見つけてもらうことです。

コーチングの基礎となる技術は、考えるきっかけを与えるような、良い質問を行うことです。正解を念頭に置いた質問は禁物です。人々の興味をひきつけ、思考回路を動かし始めるのは、いつもオープンクエスチョンです。イエスかノーかの返答ではなく、もっと長い回答をもらえるような質問をします。

パワフルクエスチョン

コーチングの対話中に使える多くのパワフルクエスチョンがあります。これが私のお気に入りのリストです。

- なにを達成し、変え、獲得したいですか？
- いま、あなたにとってなにが重要ですか？
- 完璧なスタンドアップミーティングはどのようなものですか？
- なにがうまくいっていますか？
- これまでにどのような進展がありましたか？
- 目標を達成するためになにを変える必要がありますか？
- それについてなにができますか？
- 違うやり方でなにができますか？
- やめるためになにをする必要がありますか？
- 他にはなにがありますか？
- 次はなんですか？

Exercise

｜ エクササイズ：パワフルクエスチョン ｜

　パワフルクエスチョンを使って質問するスキルを練習しましょう。次のコーチングの機会で使ってみたい質問をいくつか書き出してください。左に書いた私のお気に入りの質問や、オンラインにある参考資料を使ってください。

参考資料 coactive.com［31］、Agile Coaching Institute のコーチングカード［32］ など。

.... 書いてみよう！

....

....

根本原因分析
・・・
Root-Cause Analysis

　スクラムマスターとして、対症療法だけでいつも手一杯になってしまうのか、それとも問題の原因を特定する方法を学ぶのか。それは、リアクティブ・アプローチかプロアクティブ・アプローチかの違いです。リアクティブ・アプローチでは、消火活動で手一杯で、原因に直接アタックするエネルギーがあり

ません。プロアクティブ・アプローチならば、火を消したあとで、片付けの手を止めて時間を取り、根本原因の解決策を探すことで、二度と発生しないようにできます。

　バグ対応が良い例です。昔は、バグ修正に全力をかけていました。アジャイルでもバグ修正は行いますが、それ以上に、アプリケーションのどこかに潜む根本原因に取り組むことを重視します。たとえば、問題を防ぐために自動テストを作成したり、やり方を見直したり、ペアプログラミングやレビューを行います。

　根本原因分析の文献の多くは、原因を特定する複雑なプロセスを説明しています。しかし、ほとんどの場合、そんなものは必要ありません。次のシンプルな案を試してみて、問題をもっと理解するのに役立つかを確かめてみましょう。

メモ
Note

- あらゆるチームや組織は生物のようであり、「病気」になる可能性があります。
- 対症療法だけに集中しないでください。
- そのかわり病気の原因を治療することに集中してください。一度に複数の症状を取り除くようにしましょう。
- リアクティブ・アプローチではなく、プロアクティブ・アプローチを選択しましょう。

フィッシュボーン

　根本原因分析で最もよく使われる方法の1つに、フィッシュボーン分析、または"Ishikawa Diagram"と呼ばれるものがあります。いくつかの描き方がありますが、最も一般的なのは、なにを、どこで、いつ、誰が、なぜ、それが起こっているのかを尋ねることです。問題をさまざまな角度から見て、根本原因を特定するのに役立ちます。

例　予測可能性

　私たちには予測ができません。リリースの準備がいつ完了するかは永遠にわかりません。

「**なにが**原因で予測できないのですか？」

「ひっきりなしに変更がくるんですよ」

「**どこから**変更が来るのですか？」

「たいていは製品のビジョンを持ったCEOからです。ユーザーからも少しきますけど、ちょっとした変更が多いです」

「**いつ**が一番危ういのですか？」

「マーケティング担当がキャンペーンに向けてなにかほしがっているときと、製品のリリース前の数スプリントで、なんらかの機能を絶対に入れてほしいと言ってきているときです」

「**誰**がそれに影響を与えることができますか？」

「CEOです。リリース近くになると現れて、スプリントレビューで必ずコメントをするでしょうから」

「**なぜ**、CEOは普段からスプリントレビューに出席しないのですか？」

「はじめの何度かのレビューには参加していましたが、その頃はまだほとんどの機能ができていなかったので、だんだん来なくなりました。そろそろ、また誘うべきなのかもしれません」

なぜなぜ5回

　次によく使われる根本原因分析手法は、なぜなぜ5回と呼ばれています。使い方はとても簡単です。本当の根本原因を特定するために、

「なぜ？」
を5回尋ねます。

例　品質が低い

　私たちの製品の品質は低いです。バグが多すぎます。

「**なぜ**、そんなにバグが多いのですか？」

「テストしていないからですよ」

「**なぜ**、テストしないのですか？」

「テストをまったくしないわけではないのですが、システムがとても複雑で、起こりうるすべてのシナリオを把握することはできないのです」

「**なぜ**、把握できないのですか？」

「ユーザーがシステムをどのように使っているのか知らないからです」

「**なぜ**、ユーザーがシステムをどのように使っているのか知らないのですか？」

「ユーザーに会ったこともなければ、フィードバックを求めたこともないからです」

「**なぜ**、フィードバックを求めてこなかったのですか？」

「それを行うのはプロダクトオーナーの仕事だと思ったからですよ」

インパクトマッピング［6］は、製品開発に関連してよく話に出ますが、組織変革、アジャイルの導入、スクラムの実践を、戦略的にする上で非常に役立つ手法です。

インパクトマッピングは戦略的計画手法の1つで、製品開発とプロジェクトの進行において、組織が迷子にならないようにしてくれます。想定を明確にし、チームの活動とビジネス全体の目標を結びつけ、ロードマップ上のより良い意思決定を手助けします［33］。

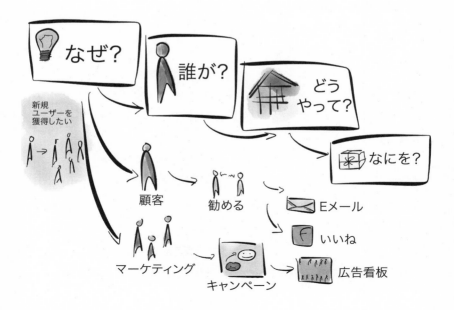

インパクトマッピングは、次のような質問に答えることでマインドマップを作成するクリエイティブな手法です。

「なぜこれを行うのですか？」

ゴールから始めましょう。それはSMART（具体的、測定可能、達成可能かつ合意済み、現実的、時間制限あり）であるべきです。

「誰が求められる効果を生み出すことができますか？」

アクターに焦点を当てましょう。誰があなたをサポートし、誰が求められる効果を妨害しますか？　それによって、誰が影響を受けますか？

「アクターの行動はどのように変わるべきですか？」

アクターのインパクトを調査します。前述のアクターが、どのように目標達成を助けたり、成功の妨げになったりしそうですか？

「インパクトを実現させるために、私たちができることはなんですか？」

求められているアウトカムと成果物について考えてください。それらを実現するためになにができますか？

例　インパクトマッピング

アジャイルの原則を適用し、スクラムを実践する会社で働いている場面を想像してみてください。スクラムマスターとしてのあなたの仕事は、文化をより良くし、人々を励まし、モチベーションを高め、積極性に火をつけることです。

インパクトマッピングを使って、ゴールの定義から始めます。でも落ち着いてください。最初に頭に浮かぶ目標は、間違っていることがよくあります。価値のあること、達成したら誇りに思えるようなことを考えましょう。それを測定可能にして、完了したときにわかるようにしましょう（p.166：マインドマップの左側を参照）。

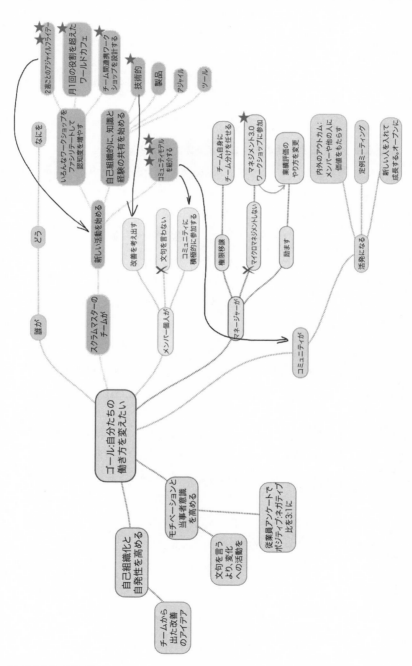

　次のステップはアクターについて考えます。積極的で、ポジティブで、やる気が出るような環境にするというゴールを達成する助けとなる人々です。この例では、スクラムマスターのチーム、チームメンバー個人、マネージャーから始めました。

　そして、そうした人たちのやり方をどう変えたいのかを考えましょう。たとえば、スクラムマスターなら、新たな活動をスタートさせるべきで、チームやその障害物だけに没頭しないようにしたい。マネージャーに対しては、文化に大きな損害を与えるチームへのマイクロマネジメントをやめさせたい。などなど。

　次のレベルでは、望む効果を得やすくするためにできることを検討します。たとえば、アジャイルフライデーセッション※12を開催して経験を共有したり、コミュニティモデルを会社に紹介したりします。などなど。

　インパクトマッピング全体を仕上げたら、期待しているインパクトに向けて、個々の選択肢にドット投票することができます。

　次のステップでは、それらのアクションがマップにどのように影響するかを考えます。他のアクションの手助けになることも、妨げになることもあります。

　最後に、こうしたマインドマップの作成には終わりがないことを覚えておきましょう。組織の状況や社内環境の変化に応じて常に更新しなければなりません。

※12　アジャイルフライデーセッションは、社内のコミュニティイベントの一種です。毎週もしくは第2金曜日に集まって、アジャイルについて語り合います。ワークショップ、新しいアイデア、外部からのスピーカー、経験の共有などを行います。

大規模スクラム

...

Scaling Scrum

　最もよくある質問の1つは、多くのチームで大きな製品を作るときに、スクラムを採用する方法です。いくつもの大規模スクラムフレームワークが、さまざまなやり方を提案していますが、私はより簡単なものが良いと信じています。スクラム自体は、限られたルール・役割・会議しか持たない、非常にシンプルで経験主義的なプロセスなのに、なぜ、窮屈な方法で大規模化する必要があるのでしょう？　なので、私はLeSS（Large-Scale Scrum framework）一択です。シンプルですし、大規模でもスクラムを適用するからです。LeSSの考案者クレイグ・ラーマンとバス・ヴォッデは次のように言っています。

「2005年以来、クライアントと協力して、大規模な製品グループにスケールしたスクラム、リーン開発、アジャイル開発を適用してきました。この経験と知識を、皆さんのスケール化も成功に導けるよう、LeSSを通じて共有しています」[34]

　LeSSの最も重要な側面から始めましょう。製品の大きさに関係なく、プロダクトオーナーとプロダクトバックログはそれぞれ1つだけです。その原則に従って実装すると、企業は必然的に、技術やアーキテクチャの視点ではなく、ビジネスの視点で製品を見るようになります。大規模になるとプロダクトオーナーがすべてを1人で行うことはありませんが、機能や優先順位を決める頭脳は1つであることが重要です。さらに、LeSSはプランニングを2つのフェーズに分け、オーバーオールレトロスペクティブを追加し、製品群のコミュニケー

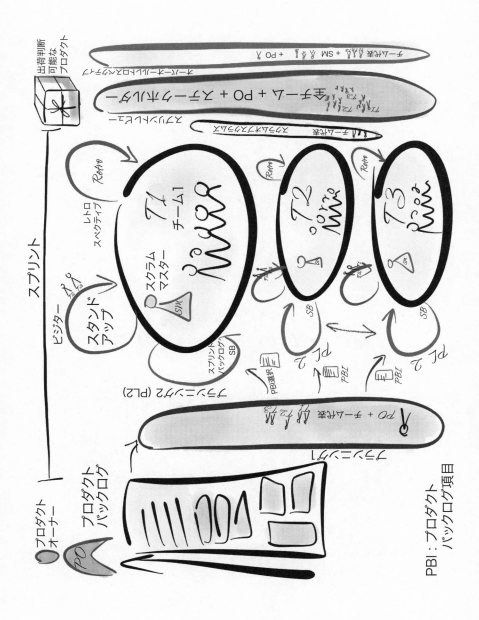

PBI：プロダクトバックログ項目

ションと連携を改善しています。職能横断的な開発チームとスクラムマスターの構成は変わらず、他の成果物も1プロダクトで1チームのときと同じです。

LeSSは、さまざまな企業の環境でうまく機能するとてもシンプルなフレームワークです。ここでは詳しい説明はしません。なぜなら、LeSSの適用に関するケーススタディが多く公開されているからです［35］。

LeSSフレームワークは、製品開発を組織化する方法だけでなく、組織レベルで適用する方法にも焦点を当てています。これらは、リーン思考、システム思考、現地現物の原則、マネージャーの役割、会社全体の話を含んでいます。

カンバンから見た
スクラムのチェックリスト
. . .
Kanban Insight Scrum Checklist

スクラムが良いのか、カンバンが良いのかという問題ではありません。どちらも大事なのです。カンバンはスクラムにとって大事な要素で、スクラムにスパイスを効かせます。カンバン抜きでは、スクラムはそれほど美味しくならないでしょう。では、カンバンがどのようにスクラムに効くのか見てみましょう。

▶見える化
　　○スクラムボード
　　○チームメンバーのアバター

○さまざまな色のカード

○1日以内に完了しなかったタスクにドットを付けている

○プロジェクト憲章、ストーリーマップ、インパクトマップを壁に掲示している

○プロダクトバックログの最優先事項を壁に掲示している

▶カイゼン

○継続的に改善している

○定期的に実験を行い、適応している

▶WIP制限

○スプリントバックログは、1つのスプリントの作業を制限している

○一度に1人あたり最大1つのタスク

○チームは一度に限られた数のストーリーに取り組んでいる

▶リードタイムを最小化

○スプリントは1週間（短いほど良い）

○ボード上にブロックされた列はない

○スプリントの終わりには、すべてのユーザーストーリーが完了している

XPプラクティスの
チェックリスト
・・・
XP Practices Checklist

　スクラムは文化に関するものですが、エクストリームプログラミング［36］の開発プラクティスを実装し、ソフトウェアクラフトマンシップ※13 に焦点を当てる必要もあります。スクラムプロセス内で使える開発プラクティスのチェックリストは次の通りです。

- [ ] 継続的インテグレーション。1日に何度も行う
- [ ] コードのシェアと共同所有
- [ ] コーディング標準または規約
- [ ] テスト駆動開発（TDD）・自動テスト
- [ ] シンプルな設計
- [ ] ペアプログラミング
- [ ] レビュー
- [ ] リファクタリングをいつも行う
- [ ] ユーザーストーリー形式

※13　ロン・ジェフリーズらが、ソフトウェア技術に関連しないプラクティスが中心になってしまったアジャイル業界を嘆いて、技術プラクティスの復権のためにまとめたのが、ソフトウェアクラフトマンシップマニフェスト。http://manifesto.softwarecraftsmanship.org/

プロダクトオーナーの
チェックリスト
···
Product Owner Checklist

　次に考えるべき領域は、プロダクトオーナーに提案できるアジャイルなプロダクトオーナーシッププラクティスについてです。他にもありますが、まずはここから始められます。

- ☐ 「No」と言う
- ☐ プロダクト・リリース憲章 [37]
- ☐ ストーリーマッピングとカスタマージャーニー [38]
- ☐ ビヘイビア駆動開発（BDD）[39]
- ☐ #NoEstimates（見積もりしない）[40]
- ☐ 相対重み付けに基づく優先順位付け [41]
- ☐ インパクトマッピング [6]
- ☐ リーンスタートアップ [42]

Special tips

偉大なスクラムマスターを目指すためのヒント
Hints for Great ScrumMasters

- ポジティブな発言に注意を向けて、意図的に増やします。

- 完全に習得するには時間がかかります。離のステージに入る前に、守で何年も、破で何年も必要になることがあります。

- 根本原因分析はあなたの最良の友です。症状ではなく、本当の病気をいやしてくれます。

- コーチングは、あなたにも習得可能な最強のツールです。コーチング研修に行って練習しましょう。努力とお金に見合う価値があります。

- システムの声に耳を傾け、「全員が正しい、ただし部分的には」と信じましょう。

- スケーリングは難しくありません。LeSSを活用しましょう（Do more with LeSS）。

CHAPTER

8

私は信じています
...
I Believe . . .

　私は信じています。誰でも偉大なスクラムマスターになれることを。現在の役割や地位を放り出したくなるほどスクラムマスターという仕事に興味を持ち、アジャイルコーチングという未知なる世界への第一歩を踏み出して、この新しいアプローチを学ぼうとする人であれば、誰でも偉大なスクラムマスターになることができます。

　私は信じています。偉大なスクラムマスターがいる企業のほうが、古いヒエラルキー型企業より、はるかに成功しやすいことを。ダイナミックで、クリエイティブで、学習が速いからです。

　私は信じています。偉大なスクラムマスターの役割は、企業の成功にとって必要かつ不可欠であることを。スクラム、アジャイル、リーン、その他のどんな手法や、プロセス、働き方について、現在どんな実装の段階にあろうと関係ありません。

偉大なスクラムマスター
・・・
The Great ScrumMaster

#スクラムマスター道は、本書の鍵となるコンセプトです。偉大なスクラムマスターに至る道には3段階のレベルがあり、さらに大きなスケールで役割を果たすために不可欠です。「私のチーム」のレベル1に長くとどまっていてはいけません。いずれ必要なくなるチームの秘書や、ただのスクラム屋になってしまい、なにかを変えようとしても実ることなく無駄になってしまうからです。チームの関係性に注力するレベル2にも、長くとどまるべきではありません。たとえ現在のマネジメントスタイルが、アジャイルなピープルマネジメント[1]とまったく違っていても、現在のプロジェクトマネジメントが、アジャイルなプロダクトオーナーシップ[2]とまったく違っていても、あなたのチームは長期間、そこばかりに注力してはいられないでしょう。最後のシステム全体のレベル3こそが、ほとんどのスクラムマスターに目を開かせる真の課題です。そこからやっと、偉大なスクラムマスターへの道が始まります。

偉大なスクラムマスターは、まず第一にリーダーであることを忘れてはいけません。良いリーダーとして、自発的であり、周りの人々を成功させられなければなりません。人々に活躍してもらいましょう。人々を輝かせましょう。

---

[1] アジャイルでは、信頼関係に基づいて、個人の成長や貢献を手助けするような人材管理を行います。

[2] スクラムでは、プロダクトオーナーは、製品の社長として全責任を負い、決定を行います。プロダクトバックログの準備と優先順位付けを行います。一方で、従来のプロジェクトマネジメントとは違い、開発者の工程に事細かに指示を出すことはしません。

偉大なスクラムマスターは文化人類学者でもあります。他人に興味を持ち、彼らの習慣と働き方を尊重しなければなりません。遊び心を持ち、勇敢でなければなりません。

アジャイルやスクラムが自分たちに合っているのかどうかわからない？
・・・
Don't Know Whether Agile and Scrum Is for You?

私はいつもマネジメントワークショップを開催して、置かれた状況と変化への期待を把握します。そして、アジャイルやスクラムの概略を紹介します。

アジャイルやスクラムの実践方法について理論全般を知りたい方は、私の研修にぜひお越しください。

組織をアジャイルに変えたい？
・・・
Want to Transform Your Organization to Agile?

いまあなたが置かれている状況を話し合い、どこから始めたら一番良いかを

導き出すワークショップを提供できます。同じ組織は2つとなく、始め方もさまざまです。

　アジャイルやスクラムへの移行とスケーリングについて理論全般を知りたい方は、私の研修にぜひお越しください。

良いプロダクトバックログの作り方がわからない？
・・・
Don't Know How to Build a Good Product Backlog?

　実践的なワークショップを通じて、私と一緒に、良い製品ビジョンを定義することから始めて、プロダクト憲章を記述したのち、明確なユーザーストーリーを作成します。定期的にバックログを見返し、バックログアイテムの品質を改善する反復的な活動を行います。

　プロダクトバックログについて理論全般を知りたい方向けに、CSPO（Scrum Alliance認定スクラムプロダクトオーナー）研修があります。

チームを改善する
方法を探している？
...
Looking for a Way to Improve Your Team?

　アジャイルチームコーチングが適切なアプローチになるでしょう。スプリントごとに1〜2回訪問し、スクラムイベントに参加し、スクラムマスターとチームに改善する方法をコーチします。

　チームの改善について理論全般を知りたい方向けに、CSM（Scrum Alliance認定スクラムマスター）研修があります。

偉大なスクラムマスターに
なりたい？
...
Want to Become a Great ScrumMaster?

　そんなときに私がお勧めするアプローチは、企業全体向けのアジャイルコーチングです。定期的にスクラムマスターと共に活動し、組織の複雑さを理解し、システム思考的な観点から組織を捉えます。

　企業全体のアジャイルコーチングについて理論全般を知りたい向けに、

CSM（Scrum Alliance 認定スクラムマスター）研修があります。

偉大なプロダクト
オーナーになりたい？
・・・
Want to Become a Great Product Owner?

　通常のアジャイルコーチングでも、アジャイルプロダクトオーナーシップを中心に、プロダクトオーナーの役割・責任・スキルについて確認します。

　プロダクトオーナーについて理論全般を知りたい方向けに、CSPO（Scrum Alliance認定スクラムプロダクトオーナー）研修があります。

対立を解決したい？
・・・
Want to Solve Conflicts?

　「組織と関係性のためのシステム・コーチング（ORSC）」［4］のコーチとしての経験を生かし、コーチングセッションやワークショップなどを通じて人々の関係を改善します。

モダンなアジャイル組織に
なりたい？
・・・
Want to Have a Modern Agile Organization?

コンサルティングと企業全体向けのアジャイルコーチングを通じて、人材開発、リーダーシップスタイルの違い、多様な組織構造の問題などに一緒に取り組みます。

モダンなアジャイル組織について理論全般を知りたい方向けに、Management 3.0研修があります。

あなたの組織を
次のレベルに引き上げたい？
・・・
Want to Move Your Organization to the Next Level?

エンタープライズアジャイルコーチングを用いてどのレベルにおいても組織を支援します。あなたがアジャイルやスクラムを実践してきたかどうかは関係ありません。もっと一般的な、より良い働き方を探す活動です。主に、チーム、コラボレーション、役割分担、オーナーシップの改善を行います。

Zuzana Šochová
—— sochova.com

企業や個人がもっと成功するための支援を行っています。

　私は、大小さまざまな組織において、アジャイルコーチおよびトレーナーとして活動しています。Scrum Allianceの認定スクラムトレーナー（CST）で、15年以上のビジネス経験があります。

アジャイルコーチ

　アジャイルは単なる新しい方法論ではなく、文化です。自分で経験してみないと、なかなか実装できません。私はこれまで多くの企業で実装してきました。業種も多岐にわたります。ですから、あなたの要求に合わせた方法で、あなたの環境への実装のお手伝いができます。

トレーナー

　私は、より効率的な方法、より良い品質を提供する方法、コミュニケーションしたりチームを作ったりする方法を、チームやマネージャーに教えることが大好きです。人々が楽しく、やる気を持ち、献身的になれるからです。

　認定研修を行ったり、定期的にワークショップを開催したりしています。とてもインタラクティブで実践的な体験でいっぱいです。

APPENDIX
日本語版付録

10分でスクラム

　日本語版の翻訳チームのメンバーたちは、本業の一部としてアジャイルの社内普及担当、アジャイル開発を行う開発者、アジャイルコーチおよびコンサルティングを行っています。本書ではスクラムの基本的な解説は割愛し、スクラムマスターに関する説明に集中しています。日本語版の独自企画として、ここではスクラムをあまり詳しくご存じない方に向けて、スクラムについての補足的な説明を作成しました。

スクラムの源流

　スクラムの源流は、共同開発者のジェフ・サザーランドによると[1]、シリコンバレーのスタートアップ企業のチーム文化、日本の製造業の製品開発を研究した竹内・野中の論文「The New New Product Development」、オブジェクト指向技術（Easel社のSmalltalk技術）、生体の進化と複雑適応系システムの研究、Borland Quattro Pro for Windows開発チームの研究、iRobot社のロボット開発にあるといいます。1993年にEasel社で最初のスプリントが行われたあと、追加のアイデアを組み込みながら、1995年頃にはほぼ現在の形になったようです。80年代米国を席巻していたトヨタの文化をはじめ、日本の製造業について竹内・野中論文から、これまでとまったく違う発想を得たといいます。

※1　Jeff Sutherland, "The Roots of Scrum", 2006　https://www.infoq.com/presentations/The-Roots-of-Scrum/

　不確実性と変化に対応し、低価格で高品質の製品を開発するために、専門部署の間の伝言ゲームを無くし、直接同席する職能横断チームで仕事を進めます。人々が集中して協調作業できる「場」を重視します。人間を中心にし、一人一人の達成ではなく、チーム全体での成功を目指します。Googleなどが行っているように、トップダウン型のマネジメントではなく、自己組織化したチームが自律的かつ適切に仕事を進めることを全面的に信頼するマネジメントスタイルを取ります。

アジャイルマニフェスト

　2001年に17名のソフトウェア開発者、コンサルタントが集まって作成されたのが、通称アジャイルマニフェスト[2]です。エクストリームプログラミング（XP）やスクラムなど、その後のアジャイルのムーブメントの中核となる人々が集まって、「アジャイル」という名前を使用することを決め、彼らに共通する文化をマニフェストとして記述しました。この共通の文化を洗い出す際にも、現在のアジャイルでよく行われるような、カードを用いたアイデア出しと、優先順位付けの協調的なワークショップが行われたそうです[3]。マニフェ

---

[2]　アジャイルソフトウェア開発宣言　https://agilemanifesto.org/iso/ja/manifesto.html

[3]　Alistair Cockburn, "アジャイルマニフェスト10周年 - アジャイルマニフェストはどう生まれたのか", 川口恭伸　訳　https://kawaguti.hateblo.jp/entry/20110213/1297531229

ストに付記された『アジャイル宣言の背後にある原則』には、洗い出された共通文化が端的に示されています。

- 顧客満足を最優先し、価値のあるソフトウェアを早く継続的に提供します。
- 要求の変更はたとえ開発の後期であっても歓迎します。変化を味方につけることによって、お客様の競争力を引き上げます。
- 動くソフトウェアを、2〜3週間から2〜3か月というできるだけ短い時間間隔でリリースします。
- ビジネス側の人と開発者は、プロジェクトを通して日々一緒に働かなければなりません。
- 意欲に満ちた人々を集めてプロジェクトを構成します。環境と支援を与え仕事が無事終わるまで彼らを信頼します。
- 情報を伝える最も効率的で効果的な方法はフェイス・トゥ・フェイスで話をすることです。
- 動くソフトウェアこそが進捗の最も重要な尺度です。
- アジャイル・プロセスは持続可能な開発を促進します。一定のペースを継続的に維持できるようにしなければなりません。
- 技術的卓越性と優れた設計に対する不断の注意が機敏さを高めます。
- シンプルさ（ムダなく作れる量を最大限にすること）が本質です。
- 最良のアーキテクチャ、要求、設計は、自己組織的なチームから生み出されます。
- チームがもっと効率を高めることができるかを定期的にふりかえり、それに基づいて自分たちのやり方を最適に調整します。

スクラムの概要

　スクラムを構成する要素は、役割、プロセス、作成物です。役割は実際に開発を行う**開発チーム**を中心に、なにを作るのか優先順位を決める**プロダクトオーナー**、そして本書の主題となる**スクラムマスター**から構成されます。プロダクトオーナーは明確に優先順位をつけた要求のリストである、プロダクトバックログを作成・管理する責任を持ちます。リストの各要素の開発規模は、実際に作業する開発チームが見積もります。

　開発チームは小規模・長期安定を基本とし、過去の実績に基づいて、ある一定の期間でプロダクトバックログの上位からどこまで実現できそうかを予想します。そのため、作業期間も1週間から1か月までの任意の期間で固定しておきます。この期間をスプリントと呼びます。チームとスプリント期間が固定である限り、過去の実績から近い将来の到達点の予想がある程度可能になります。この予想作業量をベロシティ（速度）と呼び、スプリントを続けながら計測し、アップデートしていきます。

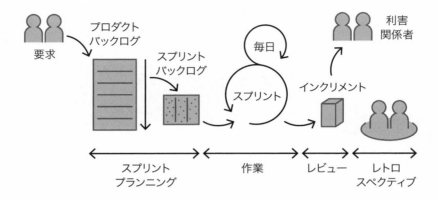

　スプリント期間が始まると、まずプランニングを行って、最新のプロダクト
バックログとベロシティをもとに、どこまでスプリント中で実現可能かを予想
します。開発チームは、その中に含まれる項目を実現するための作業の洗い出
しを行い、スプリントバックログに記載します。作業計画に確信を持てれば、
チームはすぐ開発作業に入ります。通常、スプリント期間の8割以上の時間
は、開発チームによる開発作業に集中します。計画も作業も開発チームが行う
ため、ミーティングの時間が長くなれば、開発作業の時間が短くなり、ベロシ
ティが下がります。作業期間中の開発チームは、毎日同じ時間同じ場所に集
まってデイリースクラムミーティングを行い、現在の状況を確認し、スプリン
トの残りの作業を予想通り期間内に終わらせ、なるべく多くの成果を出せるよ
う、必要に応じて作業の再計画を行います。

　スプリント期間の終わりには、作成した製品のインクリメント（追加機能な
ど）を利害関係者にデモンストレーションし、フィードバック（評価や意見）
をもらいます。最後に開発チームはレトロスペクティブ（ふりかえり）を行
い、フィードバックに基づいてプロセスや技術要素の改善を議論します。

透明性、検査、適応

　旧来のプロジェクトマネジメント手法は、長い期間の詳細な予測を行い、作業計画を作り、予想と実績の推移を追いかける作業をプロジェクトマネージャーが行います。そのため、プロジェクトマネージャーがすべての説明責任の中心にいることになります。一方スクラムでは、実際に作業を行う開発チームが中心となって、自律的な作業管理を行っていきます。その核になる考え方が、透明性、検査、適応です。

　スクラムの公式ルールブックとして編集されている『スクラムガイド※4』には以下のように記述されています。

「スクラムは、**経験的プロセス制御の理論（経験主義）**を基本にしている。経験主義とは、実際の経験と既知に基づく判断によって知識が獲得できるというものである。スクラムでは、反復的かつ漸進的な手法を用いて、予測可能性の最適化とリスクの管理を行う。経験的プロセス制御の実現は、**透明性、検査、適応**の三本柱に支えられている。」

　透明性は、作業をする人々を取り巻く情報は、すべての関係者にとって把握できることが重要ということです。プランニング、レビューなどのミーティングは招かれれば誰でも参加可能です。作成物は誰でも見ることができます。ただし、作業をするのは開発チームですので、外部からチームに指示をしたり、

※4 「Scrum Guides」https://www.scrumguides.org/ **日本語訳（角征典）** https://www.scrumguides.org/docs/scrumguide/v2017/2017-Scrum-Guide-Japanese.pdf

余計な口出しや邪魔をすることは避けます。

検査と**適応**は、定期的かつ頻繁な検査によって状況を確認し、新しい情報に対して柔軟に適応することを示します。必要以上に高頻度に検査すると作業が進まないため、適切なタイムボックスを設定し、定期的に検査のタイミングを設けます。具体的にはスプリントごとのスプリントレビューとレトロスペクティブ、毎日のデイリースクラムなどがそれにあたります。

透明性、検査、適応をはじめとするスクラムの文化が、適切に実行されるように手助けするのがスクラムマスターの役目です。その具体的な働き方や目的については、本書に詳しく記載されています。

プロダクトバックログと ベロシティ

プロダクトバックログは、これから開発チームが作業を行っていく製品の要求についての、優先順位付けされたリストです。優先順位はすべての項目に順番がついているという意味で、同率一位の最優先項目が複数あることはありません。すべての要求に最優先で対応したいかもしれませんが、開発チームが並行して作業をすることには限界があります。作れないものを顧客に約束し、顧客が求めるタイミングまでに提供することに失敗すれば、信頼を失い、ビジネスを悪化させ、最悪の場合、開発チーム主導の自律的な作業管理そのものができなくなる可能性があります。そうなってしまうともはやスクラムではありませんし、スクラムがもたらす恩恵も得られません。

　では、プロダクトバックログを用いてどのように予想を行うのでしょうか？
プロダクトバックログの各項目の優先順位は、プロダクトオーナーが最終責任
を持ちます。各項目の規模は開発チームが見積もりを行います。直近数スプリ
ントの作業実績から、ベロシティの平均値を算出します。おそらく科学的に
は、同じチーム、同じ期間であれば次のスプリントも同じくらいの達成が可能
なはずです。

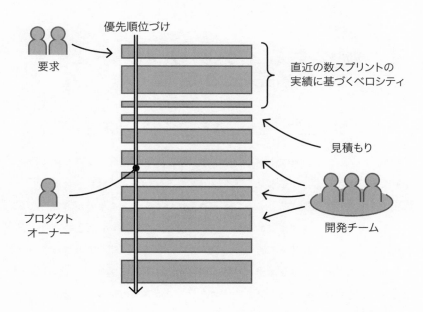

　各バックログ項目の規模を見積もるのは作業を行う開発チーム自身です。技
術力や分析力のすべてを駆使して、規模を見積もります。その予想が外れた
り、正確な予測に必要な情報を持っていないこともありますが、長期間、安定
したチームで仕事をこなしてきた開発チームであれば、世界で一番妥当な見積
もりを出せるはずです。それを信頼します。

　開発チームはスプリントを重ねるごとに、作り方を考え、協調して作業を進めることで、さらに技術的に安定し、改善していきます。スプリントを繰り返す中で、ノウハウが開発チームの中にたまっていき、プロダクトバックログ項目の見積もりやベロシティの精度も向上していきます。

動作するインクリメントと完成の定義

　開発チームは、プロダクトバックログ項目を、スプリントバックログの作業を通じて、実際に動作する製品のインクリメント（増分／差分）へと変えていきます。しかし、動作するといってもその条件はさまざまなものが考えられます。手元でコーディングが終わってエラーが出ないだけかもしれませんし、実際にエンドユーザーに使ってもらって役に立つかどうか確認するところまでかもしれません、セキュリティテストや連続稼働テスト、パフォーマンステストなどさまざまな条件が考えられます。スクラムでは完成の定義として開発チームとプロダクトオーナーの間で明確に条件を決めておきます。あらかじめどの程度まで作業するかの条件を決めておくことで、開発チームはスプリント中は自律的に作業を進めることができます。完成の定義は時間とともに更新していきます。より多くのことをチーム内で行うことができれば、より安定した早いリリースができ、急な変化にも対応しやすくなります。

スプリントレビューと
レトロスペクティブ

　スプリントの終わりには、製品に関わる幅広い関係者に参加してもらい、スプリントレビューを行います。そこでは、開発チーム自身が、動作する製品のインクリメントを提示し、できれば使ってもらって、フィードバックをもらいます。プロダクトバックログが意図する通りに製品のインクリメントが構築されているかだけでなく、プロダクトバックログの消化状況、全体のマイルストーン、状況の変化の共有、技術的負債や技術的なリスク要因を共有します。スプリントレビューではフィードバックをもらうことが目的ですので、一方的に発表するだけではなく、ミーティング時間の半分以上はそのために確保しておきます。プロダクトオーナーはフィードバックをもとに、次のスプリントに向けてプロダクトバックログを整備します。

　スプリントレビューでフィードバックをもらうことで、計画、開発、評価を一通り行ったことになります。ここまでをふりかえる、レトロスペクティブを行うのに良いタイミングです。開発チームでこのスプリント期間がどのように進んできたのかを確認します。もちろんチーム全員はベストを尽くしてきたはずです。時を戻すなんてことはできませんが、今後のスプリントに向けて、なにかできることはあるかもしれません。達成を喜び、改善を検討します。

長 期 安 定 の チ ー ム

　スプリントを通じて、チームはさまざまなことを学びます。なにを作るべき なのかを確認し、どうやったら作れるのかを考え、実際に作ってみて、品質が 十分か、エンドユーザーの役に立つか、などを検証していきます。そうした経 験は文章に起こせるものもあるでしょうが、そのほとんどは、暗黙的な知識と してチームの中に残ります。そのため、スクラムではプロジェクトが終わって もチームを解散させず、長期間安定したチームを維持することを前提としま す。実践を通じて育ったチームであれば、さまざまな製品や状況に対応できる はずです。

覚 え て お こ う　　　　　　　Remember

- スクラムの源流には日本の製造業での製品開発プロセス、シリコンバレーのチーム文化などがあります。自己組織化したチームを信頼することで、不確実性や変更のある環境で製品開発を行います。
- アジャイルマニフェストはXPやスクラムの提唱者らが集まって共通点をまとめることで作成されました。
- スクラムの要素は、役割、プロセス、作成物で構成されます。
- プロダクトバックログは優先順位付けされたリストで、優先順位はプロダクトオーナー、各項目の見積もりはチームが行います。
- 見積もりやベロシティの精度はチームが経験を重ねることで、徐々に改善します。
- 開発チームは、動作する製品のインクリメントをスプリント期間内に構築します。完成の定義を通じてあらかじめ条件を確認します。
- スプリントレビューで関係者からフィードバックをもらいます。
- レトロスペクティブでスプリントをふりかえり、達成を喜び、改善を検討します。
- スクラムは長期間安定のチームを前提にしています。プロジェクトごとに解散せず、チームの中に知識を蓄えます。

■ 参考文献

[1] James Manktelow and the Mind Tools Team. n.d, "Servant Leadership" www.mindtools.com/pages/article/servant-leadership.htm

[2] Larry C. Spears, "Character and Servant Leadership: 10 Characteristics of Effective, Caring Leaders", The Journal of Virtues and Leadership 10 (1), 2010

[3] Zuzana Šochová, "Become a Great ScrumMaster". Better Software 17 (4): 30, 2015

[4] Cognitive Edge. n.d. "ORSC: Organization and Relationship Systems Coaching", CRR Global www.crrglobal.com/organization-relationship-systems-coaching.html

[5] LeSS Company "Systems Thinking", 2014 http://less.works/less/principles/systems_thinking.html

[6] Gojko Adzic, "Impact Mapping: Making a Big Impact with Software Products and Projects", Provoking Thoughts, 2012 **日本語訳** 平鍋 健児、上馬 里美 訳『IMPACT MAPPING インパクトのあるソフトウェアを作る』翔泳社、2013年

[7] Gojko Adzic, "Make a Big Impact with Software Products and Projects!", 2012 www.impactmapping.org/

[8] Cognitive Edge. n.d. "Making Sense of Complexity in Order to Act" http://cognitive-edge.com/

[9] Julia Wester, "Understanding the Cynefin Framework—a Basic Intro", Everyday Kanban, 2013 www.everydaykanban.com/2013/09/29/understanding-the-cynefin-framework/

[10] Agile Coaching Institute. n.d., "Agile Coaching Resources" www.agilecoachinginstitute.com/agile-coaching-resources/

[11] Eaton & Associates Ltd., "Tuckman's Model: 5 Stages of Group Development", 2009 https://ess110.files.wordpress.com/2009/02/tuckmans_model.pdf

[12] Patrick Lencioni, "The Five Dysfunctions of a Team", Jossey-Bass, 2002 **日本語訳** 伊豆原 弓 訳『あなたのチームは、機能してますか?』翔泳社、2013年

［13］　Fernando Lopez. n.d, "The Top 4 Behaviors That Doom Relationships—and What to Do about Them" www.orscglobal.com/MainCommunity/Resources/Top4BehaviorsThatDoomRelationships.pdf

［14］　Christopher Avery. n.d, "Christopher Avery—The Responsibility Process" www.christopheravery.com/

［15］　Dave Logan, John King, and Halee Fischer-Wright, "Tribal Leadership: Leveraging Natural Groups to Build a Thriving Organization", Harper Business, 2011 （日本語訳）『トライブ—人を動かす5つの原則』ダイレクト出版、2013年

［16］　David Marquet, "Turn the Ship Around!: A True Story of Turning Followers into Leaders", Portfolio, 2013 （日本語訳） 花塚 恵　訳『米海軍で屈指の潜水艦艦長による「最強組織」の作り方』東洋経済新報社、2014年

［17］　LeSS Company. n.d, "Sprint Review" http://less.works/less/framework/sprint-review.html

［18］　Mindview. n.d, "What Is an OpenSpace Conference?" www.mindviewinc.com/Conferences/OpenSpaces

［19］　Wikipedia. n.d, "Unconference" https://en.wikipedia.org/wiki/Unconference

［20］　World Café. n.d, "World Cafe Method" www.theworldcafe.com/key-concepts-resources/world-cafe-method/

［21］　CRR Global. n.d, "ORSC Intelligence: A Roadmap for Change" www.crrglobal.com/intelligence.html

［22］　John Kotter, "Our Iceberg Is Melting: Changing and Succeeding under Any Conditions", Macmillan, 2006 （日本語訳） 藤原 和博　訳『カモメになったペンギン』ダイヤモンド社、2007年

［23］　Alistair Cockburn, "Shu Ha Ri", 2008 http://alistair.cockburn.us/Shu+Ha+Ri

［24］　Francis Takahashi, "An Interview with Endô Seishirô Shihan by Aiki News", 2012 www.aikidoacademyusa.com/viewtopic.php?f=14&t=336#p545

［25］　Cognitive Edge, "ORSC: Organization and Relationship Systems Coaching—Coach Training Courses", CRR Global, 2011 www.crrglobal.com/coach-training-courses.html

[26] Marcial Losada and Emily Heaphy, "The Role of Positivity and Connectivity in the Performance of Business Teams: A Nonlinear Dynamics Model", 2014 www.scuoladipaloalto.it/wp-content/uploads/2012/11/positive-to-negative-attractors-in-business-teams11.pdf

[27] Amit Amin, "The Power of Positivity, in Moderation: The Losada Ratio", 2014 http://happierhuman.com/losada-ratio/

[28] Amit Amin, "The Power and Vestigiality of Positive Emotion—What's Your Happiness Ratio?", 2014 http://happierhuman.com/positivity-ratio/

[29] John Whitmore, "Coaching for Performance: GROWing Human Potential and Purpose", Nicholas Brealey Publishing, 2009 **日本語訳** 清川 幸美 訳『はじめのコーチング』ソフトバンククリエイティブ、2003年

[30] International Coach Federation (ICF). n.d, "Code of Ethics—About—ICF" http://coachfederation.org/about/ethics.aspx?ItemNumber=854

[31] Henry Kimsey-House, Karen Kimsey-House, and Phillip Sandahl, "Powerful Questions", 2011 www.thecoaches.com/docs/resources/toolkit/pdfs/31-Powerful-Questions.pdf.

[32] Agile Coaching Institute, "Powerful Questions Cards from the Coaching Agile Teams Class", 2011 www.agilecoachinginstitute.com/wp-content/uploads/2011/05/PQ-Cards-4-to-a-page.pdf

[33] Gojko Adzic, "Make a Big Impact with Software Products and Projects!", 2012 www.impactmapping.org/about.php

[34] LeSS Company, "Large-Scale Scrum—LeSS", 2014 http://less.works/

[35] LeSS Company, "LeSS Case Studies", 2014 http://less.works/case-studies/index.html

[36] Don Wells, "The Rules of Extreme Programming", 1999 www.extremeprogramming.org/rules.html

[37] Michael Lant, "How to Make Your Project Not Suck by Using an Agile Project Charter", 2010 http://michaellant.com/2010/05/18/how-to-make-your-project-not-suck/

［38］ Jeff Patton, "The New User Story Backlog Is a Map", 2008 http://jpattonas
sociates.com/the-new-backlog/

［39］ Agile Alliance, "BDD", 2013 http://guide.agilealliance.org/guide/bdd.html

［40］ Vasco Duarte, "5 No Estimates Decision-Making Strategies", 2014 http://
noestimatesbook.com/blog/

［41］ Zuzi Šochová, "Forgotten Practices: The Backlog Priority Game", 2013
http://tulming.com/agile-and-lean/forgotten-practices-the-backlog-
priority-game/

［42］ Eric Ries. n.d. "The Lean Startup Methodology" http://theleanstartup.
com/principles.

日本語版参考文献

［43］ R.M. ガニエ，W.W. ウェイシャー，K.C. ゴラス，J.M. ケラー　著／鈴木克明、
岩崎信　監訳『インストラクショナルデザインの原理』北大路書房、2007年

［44］ Dave Gray, Sunni Brown, James Macanufo　著／野村 恭彦　監修、武舎 広
幸、武舎 るみ　訳『ゲームストーミング―会議、チーム、プロジェクトを成
功へと導く87のゲーム』オライリージャパン、2011年

■ 訳者あとがき

　本書は、Zuzana Šochová著『The Great ScrumMaster』（ISBN：0134657 11X）の全訳です。社内でスクラムの普及推進役をしたり、コンサルタントとして企業のアジャイル導入を支援しているアジャイルコーチ・コミュニティで翻訳しました。

　近年、日本においてもスクラムに取り組む組織は一段と拡大していますが、成功の鍵となるスクラムマスターの働き方については、理解に大きなバラツキがあるのではないかと感じています。おそらくその原因は、組織文化、スクラムの習熟度、学習経路の違いにあると考えられますが、どれが確実に正しいということもないのだろうと思います。継続的な学習と、状況に合わせた実践の積み重ねこそ、#スクラムマスター道なのです。本書は、ここからここまでやれば偉大になれますよ、というハウツー本ではなく、偉大なスクラムマスターを目標とする皆さんに、知るべきこと、試みるべきこと、調べるべきこと、などを提案するガイドブックになっています。

　冒頭（第1章）でも述べられているように、スクラムマスターは単なるチームの秘書・問題解決担当ではありません。それらの仕事を通じて、ハイパフォーマンスなチームを作ることが目標であり、それにはチーム内外の関係性や組織全体を変えることも視野に入ってきます。そのため、第3章で#スクラムマスター道として、スクラムマスターの仕事を3つのレベル（私のチーム、関係性、システム全体）に整理しています。チームビルディングでは定番ともいえるタックマンモデル（第5章）や、ファシリテーション・コーチング・根本原因分析（第7章）など、基本的な道具立てをカバーしています。

　スクラムマスターになりたい方、スクラムについての学びを深めたい方だけでなく、チームを中心とした現代的な組織づくりや、サーバント型のリーダーシップやマネジメントに関心のある方にも、幅広く役立つものになっていると考えます。スクラムの国際的な普及を推進している非営利団体Scrum Allianceの目標は、スクラムを通じて世界を変えることですが、そのためには私たち一人一人の学習、観察、検査、適応が必要です。一緒にがんばりましょう。

　翻訳にあたっては、ほとんどの作業をZoom.us、Google Drive、Facebook Messenger、GitHubを用いたリモートモブ作業で進めました。本書の内容は、訳者グループが長期にわたる作業を円滑に進める上でも、大いに役立ちました。さらに、花井宏行さん、鎌田正浩さん、田中秀和さん、酒井辰也さん、横道稔さん、松尾浩志さん、鬼木哲郎さん、石橋伸介さん、木村卓央さん、天野祐介さん、松浦洋介さん、中原慶さん、久末隆裕さん、中村洋さん、荒瀬中人さん、森一樹さん、前田浩邦さん、玉牧陽一さんには翻訳レビューにご協力いただきました。皆さんのおかげで、多くの人にとって、より読みやすいものになったと思います。翔泳社の片岡仁さんには企画段階から発売まで数多くのアドバイスやご尽力をいただきました。皆様、ありがとうございました。

訳者一同

■ 訳者紹介とコメント

大友 聡之 （おおとも としゆき）

サイボウズ株式会社 アジャイルコーチ
合同会社カフィグラ 代表

2000年にソフトウェア業界に入り、パッケージソフト、組込みを経てWebエンジニアに。一人目の子どもが生まれたことを機に、残業ではなく、もっと開発者もユーザーも家族も皆幸せになるような開発方法が、そろそろあっても良いはずと思い、2009年にスクラムに出会う。その後、2010年より京都で京アジャ（京都アジャイル勉強会）を有志で行いながら、現在は複数の企業に所属して、複数チームへのスクラムの導入や非ソフトウェア開発現場にもスクラムとアジャイルマインドセットの導入を行い、同じチームとなって目標の実現や問題の解決を行う活動をしている。

訳者コメント 何度も炎上プロジェクトを渡り歩いて、答えを求めてたどり着いた認定スクラムマスター研修。そこでトレーナーに言われたのは「良いスクラムマスターは常に自分に問いかけ続けないとだめだ」という言葉。いつの間にかどこかに答えがあるという魔法にかかっていた自分に気づき、一生終わることのない探求が始まりました。この本は、その探求の良き友になってくれます。ぜひ、何度も読み返してみてください。

川口 恭伸 （かわぐち やすのぶ）@kawaguti

アギレルゴコンサルティング株式会社 アジャイルコーチ
スクラムギャザリング東京実行委員会

北陸先端科学技術大学院大学修了ののち、金融情報サービスベンダー（株）QUICKにてデータメンテナンス／システム開発、プロダクト／サービス企画開発、仮想化インフラ構築などを担当。2008年スクラムに出会い、パイロットプロジェクトを始める。2011年イノベーションスプリント実行委員長、2011年からスクラムギャザリング東京実行委員。2012-2018年楽天にてアジャイルコーチ。楽天テクノロジーカンファレンス2012-2017実行委員。

『Fearless Change』監訳、『ユーザーストーリーマッピング』監訳、『ジョイ・インク（Joy, inc)』共訳、『アジャイルエンタープライズ』監修。認定スクラムプロフェッショナル。ジム・コプリエン、ジェフ・パットン、ケン・ルービンなど、認定スクラムトレーニングの共同講師経験多数。

訳者コメント　本書ではついにスクラムマスターに焦点があたります。チームを良くするところから始めて、そこにとどまらず、ビジネスとしてパフォーマンスの高いチームを作ったり、組織全体まで考えて動きます。#スクラムマスター道 に終わりはないのです。レビュー作業中に『僕のヒーローアカデミア』(https://heroaca.com/) 観ました。最高でした。助けて勝つのがスクラムマスターです。

細澤 あゆみ（ほそざわ あゆみ）

フリーランス／ソフトウェアエンジニア
スクラムギャザリング東京実行委員会

大学時代、PBL（Project Based Learning）にてソフトウェア開発プロジェクトを経験。学生のみで実際の顧客がいるソフトウェアを開発、リリース・運用する。院生時代には、スポンサーの協力により、アジャイルの世界最大のカンファレンス「Agile 2010」に参加。アジャイルに出会う。静岡県立大学大学院修了後、株式会社情報システム総研に入社。スクラムチームでのソフトウェア開発や、基幹系システムの再構築の経験を積む。2017年退社、カナダへ語学留学し、2019年日本に帰国。2015年より XPJUG主催「XP祭り」実行委員、ボランティアスタッフを経て、2017年よりスクラムギャザリング東京実行委員。『リーン開発の現場』翻訳レビュアー。

訳者コメント　スクラムでは、チームは自己組織的、自律的に動くことが求められます。そのとき、スクラムマスターの視点やスキルは、メンバー一人一人が持つ必要があります。「スクラムマスター」はみんなの心の中にいるのです。スクラムマスターだけでなく、チーム、プロダクトオーナーなど、スクラムに関わる人にはぜひ読んでいただきたいです。

松元 健（まつもと けん）

フリーランス／アジャイルコーチ、中小企業診断士
一般社団法人アジャイルチームを支える会

フリーのスクラムマスターとして、多様な形態で個人やチーム、組織や経営まで幅広くスクラムの実践や適応の支援をしている。中央大学理工学部情報工学科卒業後、株式会社ナムコ（現バンダイナムコスタジオ）にて業務用アミューズメント機器や家庭用／モバイル用デジタルコンテンツの開発に約14年間従事。同社主要製品のいくつかにてリードエンジニアを務めた他、大小さまざまなプロジェクトへ技術面・チーム運営面の支援を行う。スクラムへの取り組みは2008年頃より。その後経営企画へ転向し、適応的な人材や組織づくりのために、スクラムの実践や適応に関する組織的な支援の提供を担当。
『Scrum Boot Camp The Book』レビュアー、『ジョイ・インク（Joy, inc）』翻訳レビュアー。

訳者コメント　翻訳にあたっては原著の表現や意図は極力そのままに、実際に使われる言葉で読みやすくなるよう努めました。「スクラムマスターってなんだっけ？」ということを改めて確認するのに良い本だと思います。薄めで章立ても簡素なので、手近な何人かで簡単に読み合わせたり、そばに置きやすい本になったと思います。

山田 悦朗（やまだ えつお）

Red Hat K.K. シニアDevOpsコンサルタント、アジャイルコーチ
スクラムギャザリング東京実行委員会

1992年よりSI企業でさまざまなプロジェクトを経験後、2011年から豆蔵にてアジャイルの教育を立ち上げ、アジャイルコーチとして現場を支援。2017年 生命保険会社の社内Agile Coachとしてプロジェクト支援やAgile Transformationに携わったあと、2019年よりレッドハット株式会社。レッドハットが提供する"Open Innovation Labs"のアジャイルコーチを担当。2016年からスクラムギャザリング東京実行委員。IPA（2012年）、Scrum Alliance Regional Gathering Tokyo 2013 、XP祭り2015、PMI（2017年）、UMTPなどで登壇。

CSP-SM/CSP-PO（Certified Scrum Professional）、PMP、『ユーザーストーリーマッピング』翻訳レビュアー、『ジョイ・インク（Joy, inc)』翻訳レビュアー、『Effective DevOps』翻訳レビュアー。

訳者コメント スクラムマスターという役割は、理解しようとすればするほど遠くに行ってしまう……。そう思っていた悩めるスクラムマスターは、この本を手にとって読んでみることをオススメします。スクラムマスターに必要な知識だけでなく、「あ〜、そうそう！　あるある！」と思えるような場面の実践的なヒントが、この本にはたくさんつまっていますよ。

梶原 成親（かじはら なりちか）

株式会社PLAID／モダンな情シス

楽天株式会社にて、開発環境および生産性を向上させるプロダクトのプロダクトオーナーを経験。スクラムでの開発および運用体制を確立する。2014年、株式会社リクルートライフスタイルに入社。HOT PEPPER Beautyの開発責任者として参画。SIer主導のレガシーな開発チームから自立させ、持続的に成長できるチームへ変革させる。2016年、株式会社エウレカに入社。開発チームのチームビルディングを担当し、チーム支援を行い、モダンな情報システム担当、エンジニア採用、技術広報を担当し、CTO室 責任者を担当。その後、株式会社ヤプリを経て、2020年4月 株式会社PLAIDに参画。
主な登壇歴に、Regional Scrum Gathering Tokyo 2019/2018、XP祭り2018、デブサミ 2020/2017/2017夏など。CSPO、『Effective DevOps』『みんなでアジャイル』翻訳レビュアー。

訳者コメント 本書の中に私のとても好きな言葉があります。「偉大なスクラムマスターである前に、まずは偉大なリーダーであるべきです」。スクラムマスターが担う役割はとても多く、難解です。それだけにスクラムマスターがチームに与える影響力も大きいです。道に迷った時に何度も読み返す本になれば幸いです。

秋元 利春（あきもと としはる）

Kumu Inc. 代表、カタリスト、アジャイルコーチ
スクラムフェス大阪実行委員会

2000年にソフトウェア業界に入り、SI企業を経てフリーランスプログラマーとして十数年活動、2010年頃からチーム活動改善支援や組織変革支援など、チームコーチやパーソナルコーチとして活動する。2012年に有志でスクラム道関西を立ち上げ、現場サポートやトレーニング、コミュニティ活動を通して「より良いプロダクトづくり、より良い学習環境づくり、個人が自ら選択して歩んでいける場づくり」を目指す。2019年スクラムフェス大阪実行委員長、Scrum Masters Night運営、2020年からスクラムギャザリング東京実行委員。

『Everyday Rails - RSpecによるRailsテスト入門』共同翻訳、『Design It!』『レガシーコードからの脱却』翻訳レビュアー。

訳者コメント スクラムマスターとはどんな存在なのか。より良い姿とは。そんな問いが生まれたらぜひ本書を手に取ってもらいたいです。個人、チーム、組織、システム全体に作用し、多様な観点と広範な知識を持った、"スクラムマスターのあり方"を私たちと探求しましょう。あなたがGreat ScrumMasterになる旅はもう始まっています！

稲野 和秀（いなの かずひで）

JEI LLC CEO、アジャイルコーチ

派遣／ソフトウェアベンダ社員／フリーランスと立ち位置を変えながら約20年、システムエンジニアとして大小さまざまな開発現場を渡り歩く。2012年頃にアジャイルと出会い、これに強い興味を持ち以後実践を積み重ねる。当初はエンジニアとしてのアジャイルなモノづくりに充実感を覚えていたが、やがてチームづくりやプロセス改善によるより良いプロダクトづくりへの関心を強める。そして2017年にはエンジニアから軸足を移し、JEI LLCを設立、アジャイルコーチとしてクライアントの支援活動に注力、現在に至る。

また、当時コミュニティに参加することで多くの学びや出会いが得られた経験から、感謝の念と共に「アジャイルひよこクラブ」をはじめ複数のコミュニティにて運営やスタッフとして関わり、アジャイルの普及や啓蒙活動を行っている。

［訳者コメント］ 日本ではスクラムマスターにフォーカスした本が少ないという現状からも、本書は初心者からベテランまですべてのスクラムマスターにぜひ読んでもらいたいです。きっとたくさんの共感や気づきが得られることでしょう。Great Scrum Masterがあふれる世界になったらさぞかし素敵だろうなぁ。あなたの道の一助になれば幸いです。

中村 知成 （なかむら ともなり）@ikikko
株式会社ヌーラボ

前職で課題管理、構成管理といった環境整備に面白さを感じ、2009年にBacklogを提供するヌーラボに転職。ソフトウェアエンジニアとしてBacklogの開発・運用両面を担当。並行して「共に働く人たちが、より輝けるように」という思いのもと、CI/CDや環境整備に対する取り組みも行う。2016年頃に知人のアジャイルコーチの活動に触れたことによって、技術的なプラクティスだけではないチームづくりや改善活動の重要性や難しさ・楽しさを実感し、以後アジャイルへの興味とそれを突き詰める活動を始める。
現在は、Backlogチームの開発マネージャーをしつつ、社内の各チームへの支援活動を通じて、ヌーラボのサービス開発を陰から支えている。

［訳者コメント］ 「認定スクラムマスター研修を受けて、スクラムガイドは読んだ。スクラムマスターとして、日々の業務はなんとかこなせている。だけど、ここから先スクラムマスターとしてレベルアップするためになにをやっていけばいいんだろう？」という問いにぴったりの本です。この本を片手に、#スクラムマスター道を歩んでいきましょう！

■ 索引

装丁・本文デザイン：和田 奈加子
DTP：株式会社シンクス

スクラムマスター ・ ザ ・ ブック
SCRUMMASTER THE BOOK
優れたスクラムマスターになるための極意
——メタスキル、学習、心理、リーダーシップ

2020年 9月 9日 初版 第1刷発行
2023年 3月 5日 初版 第3刷発行

著 者	Zuzana Šochová (ズザナ・ショコバ)
訳 者	大友 聡之（おおとも としゆき）
	川口 恭伸（かわぐち やすのぶ）
	細澤 あゆみ（ほそざわ あゆみ）
	松元 健（まつもと けん）
	山田 悦朗（やまだ えつお）
	梶原 成親（かじはら なりちか）
	秋元 利春（あきもと としはる）
	稲野 和秀（いなの かずひで）
	中村 知成（なかむら ともなり）
発行人	佐々木 幹夫
発行所	株式会社 翔泳社 (https://www.shoeisha.co.jp)
印刷・製本	日経印刷株式会社

ISBN978-4-7981-6685-8   Printed in Japan